Twitter
ツイッター

完全マニュアル [第2版]

八木重和 著

秀和システム

本書の使い方

このSECTIONの目的です。

このSECTIONの機能について「こんな時に役立つ」といった活用のヒントや、知っておくと操作しやすくなるポイントを紹介しています。

操作の方法を、ステップバイステップで図解しています。

用語の意味やサービス内容の説明をしたり、操作時の注意などを説明しています。

はじめに

「日々の情報はTwitterから」。そんな人も少なくない時代です。

Twitterは SNS（ソーシャルネットワークサービス）と言われますが、同時に今は誰でもどこかで聞いた、触れたことのある 1 つのメディアとも言えるでしょう。

Twitterでは、生活に役立つ情報、通信や交通インフラのリアルタイムな情報、災害発生時に助け合う人々の協力、日々の中で起きた感動の共有……さまざまな方法で活用されています。また他愛もない語らいがたくさんの心の潤いを生んでいます。

ところが一方で、「デマ」や「炎上」といった言葉を聞くことで、「Twitterは怖い」といったイメージを持つ人がいるかもしれません。

もしまだTwitterを使ったことがなければ、一度触ってみましょう。基本的な常識や意識を持っていれば決して怖いものではなく、デマや炎上を気にすることなく楽しむ方法をすぐに掴めるはずです。もちろん本書でも安全に使うポイントを紹介しています。

気になる疑問を解決し、役立つ情報を得る。意見交換、有名人の発信、みんなで笑い合う大喜利……Twitterは果てしなく広く、飽きることのない世界です。そして気軽に投稿できることもTwitterの特長です。投稿する、フォローする、フォロワーが増える……きっとあなた自身の周りで世界が大きく広がることでしょう。

本書では、ツイッターの登録から基本的な使い方、安全に使う方法、使いこなすポイントをまとめ、楽しみ方を紹介しています。スマホでの利用を基本にしていますので、誰でもTwitterを使いこなせるようになるでしょう。これを機会にTwitterを存分に楽しみ、活用する一助となれば幸いです。

2021年3月

八木重和

写真や動画の投稿、リツイート、ハッシュタグ、リプライ、いいね！など…。Twitterはいろんな投稿ができる。それぞれの用途や使い方をマスターして、情報収集、情報発信に役立てよう。

沢山の投稿が随時流れてくるTwitterでは、必要な情報を整理したり、不快なユーザーを遠ざけるなど、快適に使うためのカスタマイズが重要。ブロックやミュート、非公開などを上手く活用しよう。

ツイートの分析、演算子での検索、他SNSとの連携など、Twitterを更に楽しみ、活用するための、1ステップ上の使い方も解説。

目　次

・同じTwitterで複数のアカウントを使いたい

・鍵アカのツイートを読みたい

・140文字以上の長文をツイートしたい

・アイコン画像は本人の写真でないといけないの？

・インスタグラムとTwitterに同時投稿したい

・ひっきりなしに通知が来て煩わしい…

・逃さず読みたいけど、フォローを知られたくないアカウントがある

・公開済みのツイートを修正したい

知りたいことがどこに載っているか分からないときは、233ページからの「目的・疑問別索引」も参照してください。

Twitterをはじめよう

Twitter（ツイッター）は今もっとも広く使われているSNS
（ソーシャルネットワークサービス）のひとつです。使ったこと
がない人でも一度はその名前を聞いたことがあるでしょう。多
くの人が使っているTwitterには、多くの情報があふれていま
す。多くの楽しみ方があります。「聞いたことはあるけど、興味
があるけどよくわからない」、そんな人でもまずは気軽に始め
てみましょう。

Twitterでできること

他の人のつぶやきや最新情報を見たり、自分で書いたりする

Twitterの基本的な使い方は誰かのツイートを「見る」ことと、自分でツイートを「書く」こと。この2つなので実にシンプル。そして1つのツイートから、リアクションしたり返信したりといった使い方が広がります。

Twitterで情報を見る

　Twitter（ツイッター）のもっとも手軽な利用法は「見る」ことです。世界中のユーザーによるツイートには、役立つ情報もたくさんあります。活用法は自由で、それぞれがそれぞれの使い方で楽しんでいます。無限のツイートから知りたい情報を検索することもできます。リアルタイムに無数のツイートが行われているため、その時の最新の情報を手にすることができます。

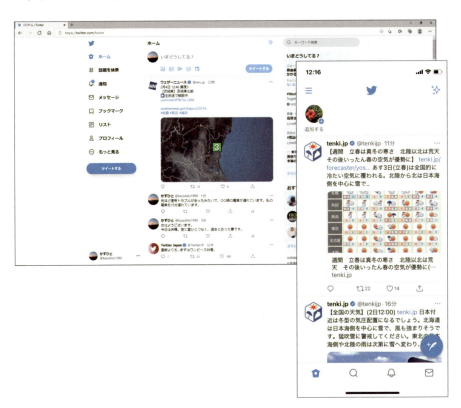

Twitterに情報を書く

　Twitterに自分でツイートすれば、楽しみはもっと広がります。自分のツイートは全世界に公開され、それを見たほかのユーザーから反応があることもあります。とはいえ、普段の何気ない独り言でも、感じたことでも、気軽にツイートできることもTwitterが広く使われている理由です。

 書いていいこととダメなこと

　Twitterには自由に何でも書くことができます。自分の考えや主張を強く訴えても構いません。自由に意見を交わせる場所であることがTwitterの特長の1つです。
　ただし、法律に触れる内容（名前や住所などの個人情報や、法律で不特定多数への公開が禁止されている写真など）は投稿すれば罰せられます。また、法律には違反しなくても、他人の悪口や身勝手な批判は、見ている人がいい思いをしないでしょう。
　「ルールとマナー」の範囲で自由な投稿を心がけてください。

 Twitterのツイートは「つぶやき」

　Twitterのツイートは「つぶやき」と言われます。Twitterは「ツイート（Tweet）」＝小鳥のさえずりが由来で、「さえずり」が転じて「つぶやき」と言われるようになりました。

キャンセル	ツイートする
おはようございます。今日は快晴。空に雲ひとつなく、透きとおった青です。	

キャンセル	ツイートする
先ほど信号トラブルがあったみたいで、〇〇線の電車が遅れています。私の電車も15分遅れています。	

Twitterを使うために必要なもの

Twitterを使う端末とインターネット、スマホならアプリが手軽

Twitterはスマホで使っているイメージが強いかもしれませんが、Twitterはスマホでもパソコンでも、一部のテレビやゲーム機でも使えます。いずれの機器でも無料のアプリやブラウザーで使えるので、利用料金はかかりません。

スマホでもパソコンでも

　Twitterはスマホで使っている人がもっとも多いかもしれません。カフェでも旅行先でも電車の中でも、あらゆるところからそのときの出来事や感じたことをツイートできることが大きな魅力です。「パソコンは持っていないけれどスマホなら持っている」という人も多いでしょう。Twitterはスマホを持っていれば、ほかに何もなくてもできます。これがもっとも手軽な使い方です。

　Twitterを使うために最低限必要なものは、「インターネット接続」と「専用のアプリまたはホームページを見られるブラウザーアプリ」の2点です。もちろんスマホはこの2点をクリアしているので、スマホだけでTwitterを使えます。一方で、インターネットに接続できるパソコンでもTwitterは使えることになります。さらに最近増えているインターネットに接続できるテレビやゲーム機などの家電製品でもTwitterは使えます。テレビやゲーム機でTwitterを使っている人は少ないですが、パソコンでTwitterを使っている人は多くいます。

▶スマホのTwitterアプリで
　使う方法がもっとも手軽。

▲パソコンでもTwitterは使える。

Twitterをアプリで使う

Twitterは公式アプリで使うのがもっとも簡単

Twitterにはスマホ向けに専用の公式アプリがあります。アプリならばさまざまな機能を呼び出しやすく、もっとも簡単に使えます。Twitterが公式に配布している無料のアプリなので、安心して使えます。

Twitterの公式アプリ

▲Twitterのアプリにはホーム画面に自分のツイートやフォローしている人のツイート、興味のあるツイートが表示される。

▲アプリ画面からさまざまな機能を呼び出して、Twitterの操作をわかりやすく使える。

 公式アプリは頻繁にアップデートされる

公式アプリを使っていると、頻繁にアップデートが行われることに気づきます。小さなプログラムの修正がほとんどですが、時折Twitterの機能が変更されることによるアップデートもあります。Twitterを快適に使うためには、常に最新の状態で使えるようにアプリをアップデートしましょう。

Twitterをブラウザーで使う

Twitterはブラウザーでも使える。パソコンならブラウザーが基本

Twitterはブラウザーでも使えます。スマホのブラウザーでも使えますが、専用アプリが基本的に存在しないパソコンではブラウザーでの利用が基本になります。Chrome、Safariなど、いくつかの種類がありますが、どれでも同じように使えます。

WebブラウザーでTwitterを開く

◀スマホのブラウザーアプリでもTwitterを使える。公式アプリと同じことができる。

▼パソコンは専用アプリが基本的に存在しないので、ブラウザーで使うのが基本。もちろん使える機能の差異はない。

Twitter アプリをインストールする

スマホで使うならアプリをインストールしよう

Twitter はブラウザーでも使えますが、アプリならより快適に使えるようになります。無料の公式アプリが公開されていますので、インストールしましょう。公式アプリは iPhone 用と Android スマホ用があり、どちらも無料です。

アプリストアからダウンロードする

1 「AppStore」のアイコンをタップする。

2 「検索」をタップする。

3 検索ボックスに「ツイッター」と入力して「検索」をタップする。

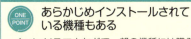

> **ONE POINT**
>
> **あらかじめインストールされている機種もある**
>
> Android スマホなどで一部の機種には購入時から Twitter アプリがインストールされていることもあります。ただしあらかじめインストールされているアプリはバージョンが古いことがあるので、最新のバージョンにアップデートしておきましょう。

4 Twitterの公式アプリが検索に表示されるので、「入手」をタップする。

5 インストールを始める。機種によってはインストール前に指紋認証や顔認証が必要になるので、画面にしたがって認証を行う。

6 「開く」と表示されたらインストールは成功。

ONE POINT
過去にインストールしたことがある場合

Twitterの公式アプリを過去にインストールしたことがある場合、「入手」の部分には「ダウンロード」を示すアイコンが表示されます。

Twitterのアカウントを取得する

アプリをインストールしたら、アカウントを取得しよう

Twitterを見るだけであれば登録しなくてもブラウザーで見られますが、アプリを使ったりツイートしたりするにはアカウントの取得が必要です。Twitterを使うなら、はじめにアカウントを取得しましょう。アカウントの取得は無料です。

アカウントに必要な情報を入力する

1 アプリのアイコンをタップしてアプリを起動する。

2 「アカウントを作成」をタップする。

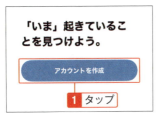

> **ONE POINT** 広告は必ず表示される
>
> 　広告は必ず表示されます。非表示にすることはできません。Twitterが無料で利用できる理由の1つは広告による収益のためで、広告の表示についてはユーザーの理解が求められます。

3 名前と電話番号、生年月日を入力して「次へ」をタップする。名前は本名を使う必要はなく、特に本名を使う必要がなければニックネームなどを使った方が個人情報の扱いの観点からも安全。

4 アプリの画面には広告が表示されるので、「適切な広告を見る」をオンにしたまま「次へ」をタップする。

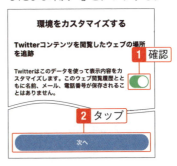

5 名前と電話番号、生年月日を確認して「次へ」をタップする。

8 6桁の認証コードを入力して「次へ」をタップする。

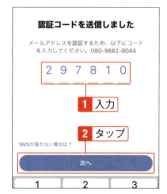

6 続いて「電話番号の認証」を行うため、「OK」をタップする。表示されている電話番号が間違っている場合は「編集」をタップして電話番号を修正する。

7 SMSで6桁の認証コードが届く。

9 パスワードを入力する。「パスワードを表示する」をタップすると入力しているパスワードを確認できる。入力したら「次へ」をタップ。

ONE POINT メールアドレスでも登録できる

　電話番号を使った登録ではSMS（ショートメッセージサービス）を使います。SMSを使えない格安SIMなどのスマートフォンを使っている場合、メールアドレスで登録することもできます。

ONE POINT Twitterの利用は13歳以上

　登録で生年月日が必要な理由は、13歳未満はTwitterの利用を禁止しているからです。13歳未満になる生年月日を設定してしまうと、アカウントを登録してもすぐに停止されます。

1 プロフィール画像を登録できる。登録はあとからでもできるので、とりあえず「今はしない」をタップして登録しないまま進める。

2 自己紹介を入力する。あとで編集できるので、簡単なひとことを入力して、「次へ」をタップする。

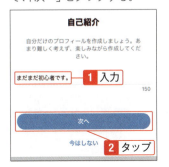

3 スマートフォンに登録されている連絡先（電話帳）から知り合いのTwitterアカウントを検索して登録できる。ここも「今はしない」をタップして先に進める。

4 興味あるジャンルをタップすると、関連するアカウントを自動的にフォローできる。好みのジャンルを選んで「次へ」をタップする。選ばなくても構わない。

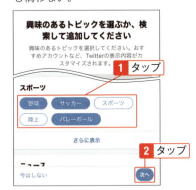

5 「おすすめアカウント」が表示される。フォローしたいアカウントがあれば「フォローする」をタップして、「〇件のアカウントをフォロー」または「次へ」をタップする。選ばなくても構わない。

01

Twitterをはじめよう

6 通知の設定を行う。「通知を許可」か
「今はしない」どちらかを選ぶ。新着
のツイートが通知されるが、通知が
多くなるので特に理由がなければ
「今はしない」を選んでおけばよい。

7 アプリからの通知を許可するため、
「許可」をタップする。

8 登録が完了する。

ONE POINT **位置情報の許可**

位置情報の許可を設定する画面が表示され
たら、許可しておくと正確な場所の情報をツ
イートできるようになります。

ONE POINT **続けてはじめの設定をする**

アプリをインストールしたら、続けて設定画
面が表示されます。ここで「ホーム」ボタンで
アプリを終了しても構いませんが、続けてはじ
めの設定をしておくと、すぐに使えるようにな
ります。

ユーザー名を変える

初期状態のユーザー名は分かりづらいので、好みのものに変えよう

Twitterに登録すると、「@」ではじまるユーザー名がランダムに割り当てられます。しかしとても分かりにくい暗号のようになっていますので、今後Twitterを使っていく上で、はじめに好みの名前に変えておくことをおすすめします。

01

Twitterをはじめよう

好みのユーザー名に変更する

1 メニュー☰をタップする。

2 「設定とプライバシー」をタップする。

3 「設定とプライバシー」の下に現在のユーザー名が表示される。とてもわかりにくいので好みの名前に変更しよう。「アカウント」をタップする。

4 「ユーザー名」をタップする。

5 「新規」をタップする。

6 確認のメッセージが表示されるので、「次へ」をタップする。

7 変更したいユーザー名を入力して「完了」をタップする。

8 ユーザー名が変更される。

9 アカウント情報のユーザー名も変更されていることがわかる。

> **ONE POINT** 重複は使えないので工夫する
>
> 　ユーザー名はすでに使われている場合、登録できません。多くの「思いつきそうな名前」はすでに使われている可能性が高く、数字やアンダーバー（ _ ）を使ってアレンジしましょう。
>
>

Twitterからログアウトする

スマホだとあまりログアウトする機会がないが、覚えておこう

Twitterアプリをインストールすると、同時に登録するユーザーIDでログインした状態になります。普段はそのままで構いませんが、パスワードを変更したときなどには一度ログアウトして再度ログインするといった操作が必要になります。

アプリでログアウトする

1 メニュー☰をタップする。

2 「設定とプライバシー」をタップする。

3 「アカウント」をタップする。

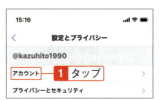

4 「ログアウト」をタップする。メッセージが表示されたら再度「ログアウト」をタップする。ログイン画面に戻るので、次のSECTION01-09の方法でログインする。

Twitterにログインする

メールアドレスとパスワードを忘れないこと

Twitterアプリでログアウトした場合、次に使うときはログインが必要です。はじめに登録した電話番号またはメールアドレスとパスワードを使いますので、忘れないようにしましょう。忘れてしまうと、ログインできなくなり、再設定が必要になってしまいます。

アプリでログインする

1 アプリを起動して「アカウントをお持ちの方はログインしてください。」をタップする。

2 電話番号とパスワードを入力して、「ログイン」をタップする。

3 Twitterにログインされる。iPhoneの場合、「パスワードを保存」をタップすると次回以降、パスワードを簡単に入力することができるようになる。

ONE POINT 複数のアカウントを持っている場合

複数のアカウントを持っている場合、同じ電話番号で登録していると、電話番号でのログインはできません。メールアドレスやアカウント名でログインします。

プロフィールの自己紹介を編集する

詳しい自己紹介を入れることで、信頼性が高まる

アカウントの取得時にプロフィールを仮に入力した状態のままにせず、自己紹介を記入しましょう。プロフィールに自己紹介が細かく書かれていると、どのような人が相手に伝わりますし、ツイートの内容にも信頼性が生まれます。

01
Twitterをはじめよう

プロフィールの紹介文や画像を修正する

1 メニュー☰をタップする。

2 「プロフィール」をタップする。

3 「変更」をタップする。

> **ONE POINT プロフィールに何も入力されていないとき**
>
> アカウントの登録時にプロフィールを何も入力しなかった場合、「変更」ではなく「プロフィールを入力」が表示されます。「プロフィールを入力」では、アカウント登録時に行う自己紹介や画像の登録手順に進みます。

4 「自己紹介」の文章をタップする。

名前	かずひと
自己紹介	まだまだ初心者です。 ── **1** タップ
場所	位置情報を追加
Web	Webサイトを追加
生年月日	1990年1月31日

ONE POINT 居住地の情報は非公開

プロフィールで使う居住地の情報は、位置情報からおすすめのユーザーを表示するために使われます。公開はされません。また、入力は都道府県までや市町村までなど、任意の範囲で選べます。「日本」だけでも構いません。

5 自己紹介を入力して「保存」をタップする。

2 タップ

名前	かずひと
自己紹介	ツイッターはじめました！南の島でのんびりするのが好き。自然が好き。将来は移住が夢です！
場所	位置情報を追加

1 入力

6 プロフィールが登録される。

かずひと
@kazuhito1990
ツイッターはじめました！南の島でのんびりするのが好き。自然が好き。将来は移住が夢です！
2021年1月からTwitterを利用しています
1フォロー中 **0**フォロワー

1 確認

ツイート　ツイートと返信　メディア　いいね

まだツイートはありません
ツイートするとここに表示されます。
ツイートする

自分のアイコン画像を変える

本人の写真でなくてもよく、イラストでもOK

プロフィールに表示されるアイコンは、最初はタマゴのようなイラストになっていますが、好きな画像に変更できます。本人の写真である必要はなく、自由に自分をアピールできます。あらかじめスマホに画像を用意しておきましょう。

01

Twitterをはじめよう

アイコン画像を登録する

1 メニュー ☰ をタップする。

2 「プロフィール」をタップする。

3 アイコンをタップする。

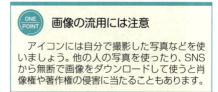

ONE POINT　画像の流用には注意

アイコンには自分で撮影した写真などを使いましょう。他の人の写真を使ったり、SNSから無断で画像をダウンロードして使うと肖像権や著作権の侵害に当たることもあります。

4 アイコンに使う画像をタップする。
カメラのアイコンをタップすると、
その場で撮影してアイコンにできる。

`1 タップ`

5 アイコンに使う大きさに調整する。
画像をスワイプすると位置を移動、
ピンチアウト、ピンチインで拡大、
縮小できる。調整後「適用」をタップ
する。

`3 タップ`
`1 スワイプ`
`2 ピンチイン（ピンチアウト）`

6 「完了」をタップする。

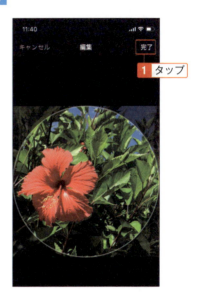

`1 タップ`

7 アイコンが変更される。

`1 確認`

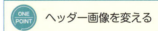

ONE POINT　ヘッダー画像を変える

　プロフィールでは、さらにヘッダー画像と
呼ばれるプロフィールの背景画像を設定でき
ます。ヘッダー画像はプロフィール画面で表
示されるものなので、普段の使い方の中で見
ることがそれほど多くないこともあり、ここで
はヘッダー画像はそのままにして進めます。
使い慣れてきたらヘッダー画像を設定すると
プロフィールが充実します。

プロフィールやツイートに表示される名前を変える

アカウント作成の時に設定した「ユーザー名」とは別のもの

プロフィールやツイートの画面には名前が表示されます。この名前は自由に付けられますし、途中でいつでも変更できます。本名にする必要はなく、ニックネームやニックネームをアレンジした名前でもOKです。

表示名を変更する

1 メニュー☰をタップする。

2 「プロフィール」をタップする。

 気分で少しだけ変えるならOK

表示される名前は自由に変えられるといっても、頻繁にまったく関連のない名前に変更すれば、フォロワーにとっては混乱しますし、信用できないと思われるかもしれません。表示される名前を変えるときは、元の名前に何か追加するといった、「ちょっとした工夫」ぐらいに留めておく方がよいでしょう。

 会社名や団体名なら「実名」を

Twitterを会社や団体で使い情報を発信する場合には、実名で表示した方が発信する情報に信用性を保てます。

3 「変更」をタップする。

1 タップ

> **ONE POINT プロフィールに何もないと変更できない**
>
> 登録直後などで、プロフィールに自己紹介や居住地など何も入力されていない状態では表示される名前を変更することができません。プロフィール画面のボタンが「プロフィールを入力」となっている場合は、何かプロフィールを入力すると、名前の変更ができるようになります。

4 名前をタップする。

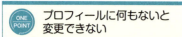

1 タップ

5 変更する名前を入力し、「保存」をタップする。

2 タップ

1 入力

6 プロフィールに表示される名前が変更される。

1 確認

ヘッダー画像を変える

プロフィールの背景にあるのが「ヘッダー画像」

プロフィールには背景に「ヘッダー画像」があります。普段ホーム画面を使うことが多いので目にすることが少ないのですが、ヘッダー画像はプロフィールページのイメージづくりに役立ちます。

ヘッダー画像で個性を出す

1 メニュー ☰ をタップする。

2 「プロフィール」をタップする。

3 ヘッダー画像をタップする。

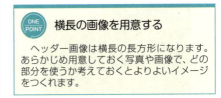

ONE POINT　横長の画像を用意する

ヘッダー画像は横長の長方形になります。あらかじめ用意しておく写真や画像で、どの部分を使うか考えておくとよりよいイメージをつくれます。

4 ヘッダー画像に使う画像をタップする。

1 タップ

5 ヘッダー画像に使う大きさに調整して「適用」をタップする。画像をスワイプすると位置を移動、ピンチアウト、ピンチインで拡大、縮小できる。

3 タップ

1 スワイプ

2 ピンチイン（ピンチアウト）

6 「完了」をタップする。

1 タップ

7 ヘッダー画像が変更される。

1 確認

ONE POINT **ヘッダー画像を削除する**

ヘッダー画像が登録されていると、手順4の画像の選択画面でごみ箱のアイコンが表示されます。ごみ箱のアイコンをタップすると、ヘッダー画像を削除できます。

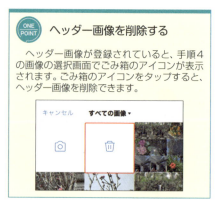

Twitterの画面を確認する

「ホーム」画面

❶ **メニュー**：メニューを表示する

❷ **ホーム／最新ツイート切り替え**：ホーム画面と最新ツイートを切り替える

❸ **タイムライン**：フォローしているユーザーの注目のツイートや新しいツイートが表示される

❹ **メニュー**：広告の表示回数を減らしたりツイートをミュートしたりするメニューが表示される

❺ **返信**：ツイートに返信する

❻ **リツイート**：ツイートをリツイートする

❼ **いいね！**：ツイートに「いいね！」を付ける

❽ **共有**：ツイートをほかのアプリなどに共有する

❾ **「＋」**：ツイートを投稿する画面を表示する

❿ **ホーム**：ホーム画面を表示する

⓫ **検索**：検索画面やトレンドを表示する

⓬ **通知**：自分宛てに返信やリツイートがあったことが通知で表示される

⓭ **ダイレクトメッセージ**：相互フォローしているユーザーにダイレクトメッセージを送る

「メニュー」画面

❶ **アイコン**：自分のプロフィールに使用しているアイコンが表示される

❷ **アカウントメニュー**：アカウントを追加したり整理したりする

❸ **表示名**：Twitterで使われるニックネームを表示する

❹ **ユーザー名**：アカウントに登録されているユーザー名を表示する

❺ **フォロー数／フォロワー数**：フォローしているユーザーの数とフォロワー（フォローされているユーザー）の数を表示する

❻ **メニュー**：さまざまな機能にアクセスするメニューを表示する

❼ **表示モード**：画面の背景の白と黒を切り替える

❽ **バーコード**：自分のプロフィールを表示できる2次元バーコードを表示する

「プロフィール」画面

❶ **戻る**：ホーム画面に戻る

❷ **アイコン**：自分のプロフィールに使用しているアイコンが表示される

❸ **表示名**：Twitterで使われるニックネームを表示する

❹ **ユーザー名**：アカウントに登録されているユーザー名を表示する

❺ **「変更」**：プロフィールを編集する

❻ **自己紹介**：自己紹介が表示される

❼ **Twitterの利用期間**：アカウントを登録した時期が表示される

❽ **フォロー数／フォロワー数**：フォローしているユーザーの数とフォロワー（フォローされているユーザー）の数

❾ **切り替えタブ**：自分のツイートに関する表示の内容を切り替える

❿ **「＋」**：ツイートを投稿する画面を表示する

「ツイート」画面

❶ **「ツイートする」ボタン**：入力した文章を投稿する
❷ **入力画面**：投稿する文章を入力する
❸ **メディア**：スマホに保存されている写真や動画が表示される。タップすると簡単にツイートに添付できる
❹ **写真・動画**：ツイートに写真や動画を添付する
❺ **GIF画像**：ツイートにGIF画像を添付する
❻ **アンケート**：アンケート形式のツイートを作る
❼ **位置情報**：ツイートに位置情報を添付する
❽ **文字数**：入力している文字数をグラフで表示する
❾ **ツイートの追加**：文字数が入りきらない場合、元のツイートとつなげてツイートを追加する

「検索」画面

❶ **メニュー**：メニューを表示する
❷ **検索ボックス**：検索するキーワードを入力する
❸ **設定**：トレンドの地域を設定する
❹ **タブ**：多くツイートされている話題をジャンルごとに分類して表示する
❺ **「+」**：ツイートを投稿する画面を表示する
❻ **ホーム**：ホーム画面を表示する
❼ **検索**：検索画面やトレンドを表示する
❽ **通知**：自分宛てに返信やリツイートがあったことが通知で表示される
❾ **ダイレクトメッセージ**：相互フォローしているユーザーにダイレクトメッセージを送る

「ホーム」画面（パソコン）

❶ **Twitterアイコン**：ホーム画面を表示する

❷ **メニュー**：さまざまな機能にアクセスする

❸ **ホーム／最新ツイート切り替え**：ホーム画面と最新ツイートを切り替えられる

❹ **「ツイートする」ボタン**：新しいツイートの投稿画面を表示する。または入力した文章を投稿する

❺ **「いまどうしてる？」**：ツイートを入力して投稿する

❻ **タイムライン**：フォローしているユーザーの注目のツイートや新しいツイートが表示さる

❼ **検索ボックス**：検索するキーワードを入力する

❽ **いまどうしてる？**：多くツイートされている話題のキーワードが表示される

❾ **おすすめユーザー**：ユーザーに合わせたおすすめのユーザーが表示される

❿ **写真・動画**：ツイートに写真や動画を添付する

⓫ **GIF画像**：ツイートにGIF画像を添付する

⓬ **アンケート**：アンケート形式のツイートを作る

⓭ **絵文字**：絵文字を入力する

⓮ **アカウント**：アカウントを切り替えたり別のアカウントを追加したりする

基本的なツイートの見かたや
投稿のしかたを覚えよう

Twitterの基本中の基本は、見ることと投稿することです。どちらもとても簡単で、誰でも手軽に始めることができます。さらに一度は聞いたことのある「いいね！」や「拡散」といった今どきのSNSに欠かせないことをしてみたり、誰かをフォローしたり自分のフォロワーを増やしたり、ツイートに返信してコミュニケーションが広がったり、楽しさは増えていきます。

表示されているツイートを見る

ツイートは「ホーム」画面に表示される

アプリを起動すると、「ホーム」と呼ばれる画面が表示され、自分が興味のあるユーザーのツイートや興味のある話題に関連するツイートが表示されます。「ホーム」画面では、話題の重要性と新しさを加味した順序で表示されます。

ツイートを表示する

1 アプリを起動すると、「ホーム」画面が表示され、ツイートが表示される。

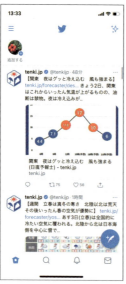

2 画面を下にスクロールすると、さらにツイートが表示される。

ツイート全体を表示する

ツイートをタップすると、そのツイートだけが画面全体で表示されます。

いま思ったことをツイートする

今の気分や出会ったできごとなど、自由にツイートしてみよう

Twitterにツイートすれば楽しみは広がります。いま思ったこと、いま起きた出来事、なんでも自由にツイートしましょう。内容に制限はありませんが、自分の発言には責任を持ち、常識の範囲で誰もが不快にならないツイートを心がけます。

02

基本的なツイートの見かたや投稿のしかたを覚えよう

Twitterにツイートを投稿する

1 「＋」をタップする。

2 ツイートする文章を入力して「ツイートする」をタップする。

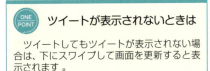

ONE POINT　ツイートが表示されないときは

ツイートしてもツイートが表示されない場合は、下にスワイプして画面を更新すると表示されます。

3 入力した内容がツイートされる。このツイートは全世界どこからでも見ることができる。

ONE POINT　返信を制限する

ツイート画面の「すべてのアカウントが返信できます」をタップすると、ツイートに返信できるユーザーの範囲を指定できます。通常は特に変更する必要はありませんが、フォロワー以外の返信を受けたくない場合などに利用します。

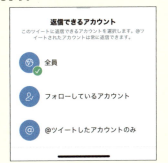

他のユーザーをフォローする

興味を持ったユーザーのツイートをチェックしよう

興味を持ったユーザーを見つけたのでツイートを見たい。そんなときは「フォロー」します。自分がフォローすれば、相手にとって自分は「フォロワー」になります。友だちや気になるユーザー、企業の公式アカウントなどをフォローしてみましょう。

他のユーザーのフォロワーになる

1 フォローするユーザーのページを表示して「フォローする」をタップする。

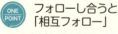

2 フォローが登録されて自分のホーム画面にツイートが表示される。

ONE POINT フォローし合うと「相互フォロー」

たとえば友だちをフォローして、自分もその友だちにフォローされているように、相互がフォローし合っている状態を「相互フォロー」と呼びます。それに対して片側だけのフォローを「片思いフォロー」や単に「片思い」と呼ぶこともあります。

ONE POINT フォローしたユーザーのツイートが表示される

興味のあるユーザーをフォローすると、自分のホーム画面にフォローしたユーザーのツイートが表示されるようになります。つまり、フォローしたあとはそのユーザーのページを探して表示しなくても、ツイートをいつもチェックできるようになります。

フォローしているユーザーの
フォローをやめる

フォローをやめた人のツイートはホーム画面から消える

興味があってフォローしたものの、興味がなくなったのでフォローをやめたい、そんなときはフォローを外します。フォローを外すことを「リムる」（Removal ＝除去する）と言うこともあります。

フォローを解除する

1 フォローをやめるユーザーのページを表示して「フォロー中」をタップする。

3 ユーザーのページに「フォローする」と表示され、フォローが解除される。

2 「@（ユーザー名）さんのフォローを解除」をタップする。

ONE
POINT
フォローをやめても
通知は届かない

フォローをしたときには相手に通知が届きますが、フォローをやめたときには相手に通知は届きません。相手が通知によって「フォローを外された」と気づくことはありません。

1 フォローを解除するユーザーのツイートの「…」(メニュー) をタップする。

2 「@(ユーザー名) さんのフォローを解除」をタップする。

3 フォローが解除される。「取り消し」をタップすると、フォロー解除を取り消せる。

 友だちのフォロー解除は慎重に

相互フォローしていた仲の良い友だちなどのフォローを解除すると、たとえ「少しホーム画面の投稿を減らしたい」程度の理由などで大意はなくても、さまざまな憶測を呼ぶこともあります。それが元で関係にトラブルを生むこともあります。特に直接の知人のフォローを解除するときは慎重に行いましょう。

 フォローを外すとホーム画面からツイートが消える

フォローを外すと、そのユーザーのツイートは自分のホーム画面から消え、表示されなくなります。直前まで表示されていたツイートも表示されなくなり、この先のツイートも表示されなくなります。

他の人のツイートに「いいね！」を付ける

「いいね！」で相手に共感や賛成を伝えられる

ツイートに付ける「いいね！」は、そのツイートに対して共感を伝えるための方法です。感想を詳しく書く必要はなく、簡単で手軽に相手に気持ちを伝えることができるため、ツイートに反応する方法としては、もっともよく使われています。

「いいね！」を付ける

1 ツイートの「いいね！」をタップする。

 タップ

2 「いいね！」が付く。

1 確認

ONE POINT Twitterからのアドバイス

いくつかの場面ではじめて操作したときには、Twitterからのアドバイスや応援のメッセージが表示されます。Twitterの機能を使いこなしていく過程を感じることができます。

ONE POINT 「やだね」は存在しない

FacebookなどのSNSには、「いいね！」の他にも「驚き」や「悲しい」、「反対」などいくつかの反応を示す機能を持ったものがありますが、Twitterでは「いいね！」しかありません。

1 ツイートの「いいね！」をタップする。

1 タップ

2 「いいね！」が取り消される。

1 確認

メモ代わりに利用する

「いいね！」を付けると、あとから「自分が「いいね！」を付けたツイート」だけを見ることができます。時間が経ってから過去のツイートを探すのは苦労しますので、必要な情報に「いいね！」しておくとメモ代わりにも使えます。

ツイートの画面から「いいね！」を付ける

ツイートをタップして表示した画面からも「いいね！」を付けられます。

ツイートを拡散する

「リツイート」で他の人のツイートをそのまま自分が公開する

「リツイート」は他の人のツイートをそのまま自分も公開し、広めることです。自分がリツイートしたツイートは、ユーザーによる検索や自分のフォロワーが見られるようになり、それがさらにリツイートされれば、次々と広がって（拡散して）いきます。

リツイートとは

　リツイートは、誰かのツイートをそのまま自分が転載することです。このとき、自分のツイートになるのではなく、あくまでツイートしたのは元のユーザーのまま、「自分が転載したツイート」として投稿されます。

　たとえばAさんのツイートを自分がリツイートした場合、自分のフォロワーのホーム画面に表示されますが、このとき「Aさんのツイートを自分がリツイートした」という状態で表示されます。「Aさんのツイートの内容をコピーして自分のものとしてツイートした」ではありません。

　つまり、リツイートされてもツイートしたユーザーはずっと元のAさんのままで、これが繰り返されるとAさんのツイートが世界中数億人のユーザーに広がっていくことになります。

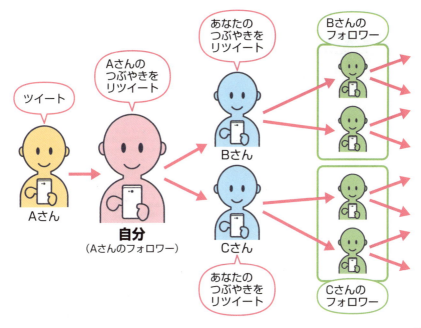

ツイートをリツイートする

1 リツイートするツイートを表示して「リツイート」をタップする。

2 「リツイート」をタップする。

ONE POINT 引用ツイートとは

「引用ツイート」では元のツイートに自分がコメントを付けて拡散します。「リツイート」は元のツイートのまま拡散します（SECTION02-07参照）。

3 アイコンの色が変わり、リツイートされる。

4 自分のホーム画面にも表示され、リツイートされていることが表示される。

ツイートにコメントを付けて拡散する

他の人のツイートにコメントを付けて自分が公開する

ツイートを拡散するときに、元のツイートに加えて自分のコメントを付けることができます。これを「引用ツイート」と言います。引用ツイートでは自分のフォロワーに、自分のツイートとして引用元のツイートが付いた状態で表示されます。

コメントを付けてリツイートする

1 リツイートするツイートを表示して「リツイート」をタップする。

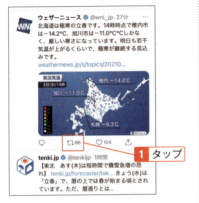

2 「引用ツイート」をタップする。

3 コメントを入力して「ツイートする」をタップする。

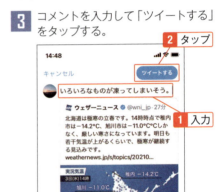

4 コメント付きでリツイートされ、ホーム画面には自分のツイートとして表示される。

ツイートに返信する

特定の人への返信でも、他のみんなからも見えるので注意

他の人のツイートに返信（リプライ）すると、会話のように話題が広がります。返信は公開されますので、メールのような1対1のコミュニケーションというよりは、公開された会話や議論のような意味合いになります。

リプライをツイートする

1 返信するツイートの「返信」アイコンをタップする。

2 「返信をツイート」をタップする。

3 返信を入力して「返信」をタップする。

4 返信がツイートされ、ホーム画面には自分のツイートが返信元のツイートと結び付けて表示される。

ONE POINT 「リプ」とも呼ばれる

返信は「リプライ」と呼ばれますが、「リプ」と略されて使われることも多くあります。

「ハッシュタグ」を付けてツイートする

同じテーマに興味をもっている人に見つけてもらいやすくなる

ツイートの内容に関連する言葉を「ハッシュタグ」として付けておくと、共通の話題を探している人から見つけてもらいやすくなります。また、同時に同じ話題で盛り上がるといったことにもハッシュタグが役立ちます。

02

基本的なツイートの見かたや投稿のしかたを覚えよう

キーワードに「#」をつけてツイートする

1 「+」をタップする。

2 ツイートを入力する。

ONE POINT なぜ「ハッシュタグ」というの?

インターネット上で検索に使うキーワードや情報を「タグ」と呼ぶことがあります。「タグ」とは「名札」のようなもので、名札を付けることでそれがどこにあるかを特定できるようになる機能です。Twitterではタグを設定するときはキーワードの前に「#」(ハッシュ記号)を付けるため、「ハッシュタグ」と呼ばれます。

ONE POINT ハッシュタグには記号が使えない

ハッシュタグには記号が使えません。「!」や「…」、「、」、「。」などを入力しても、その部分は通常のツイートの一部として認識されます。また、キーワードの途中に記号が入ると、記号の直前までがハッシュタグとなり、それ以降はツイートの一部になりますので、キーワード全体をハッシュタグにすることができません。ハッシュタグはシンプルな言葉で表現しましょう。

3 「ハッシュ記号」を入力し、続けて
キーワードを入力して、「ツイートす
る」をタップする。

 1 入力

2 タップ

---

4 ハッシュタグ付きのツイートが投稿
される。

1 確認

 ハッシュタグは何個でも

　ハッシュタグは1つのツイートに何個でも
入力できます。ただしあまりに数が多いと「ツ
イートを検索してもらいたくてこんなことを
している」と勘繰られますので、特別な理由が
ない限り数個程度に留めておきましょう。

ONE POINT **ハッシュタグを文章の途中に
入れる**

　ツイートの文章にハッシュタグに使うキー
ワードそのものが含まれる場合、前後にス
ペースを空けてハッシュタグを文章中に組み
込んでしまうこともできます。

ONE POINT **ハッシュタグの候補から選ぶ**

　ハッシュタグを入力すると、最近多くのユー
ザーが投稿しているハッシュタグの候補が表示
されます。候補の中から選ぶことで、他のユー
ザーに見てもらえる可能性が上がります。

ONE POINT **「ハッシュ」と「シャープ」の
違いに注意**

　「ハッシュタグ」の「#」（ハッシュ記号）を見
て、音楽で使われる「シャープ記号」と同じと
思う人が多いかもしれません。しかし厳密に
いえばシャープは「♯」で、ハッシュ「#」とは
異なる文字です。パソコンのキーボードで直
接入力できる [Shift] + [3] は「#」なので
「ハッシュ記号」になります。

ハッシュタグを使ってツイートを探す

特定の話題について、いろんな人のツイートを見たいときに便利

同じハッシュタグのツイートを検索すると、共通の話題を効率よく探せます。ハッシュタグ無しのキーワード検索もできますが、ハッシュタグで検索した方が、そのキーワードを意識したツイートだけが表示されるので、知りたい情報を見つけやすくなります。

ハッシュタグで検索する

1 「検索」をタップする。

2 「キーワード検索」をタップする。

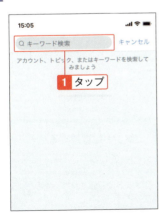

3 ハッシュ記号に続けてキーワードを入力し、ハッシュタグにしたら「検索」をタップする。

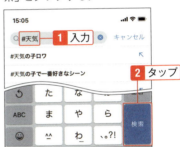

4 ハッシュタグを含むツイートが検索される。

02

基本的なツイートの見かたや投稿のしかたを覚えよう

ツイートについたコメントを見る

自分宛てのコメントを確認して、返信もできる

自分のツイートにコメントが付くのはうれしいものです。コメントがあると通知が届くので見逃しません。付いたコメントに返信したり、「いいね！」を付けたりできます。1つのツイートからコミュニケーションが始まることもTwitterではよくあります。

通知画面でコメントを見る

1 自分宛てのツイートにコメントが付くと通知に数字が表示されるので、「通知」をタップする。

2 通知画面にコメントが表示される。

3 自分のツイートを確認すると、コメントがつながって表示される。

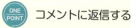
コメントに返信する

コメントにも、ツイートと同じようにさらにコメントを付けることができます。コメントを使ってコメントに返信すれば、会話のように話題が広がります。

自分やフォローしているユーザーの フリートを見る

※ 2022年1月現在、フリートはサービス終了しています。

「フリート」は24時間限定で表示される

「フリート」はTwitterの「つぶやき」とは少し異なり、主に画像や動画などを24時間だけ投稿する機能です。投稿から24時間が経つと消えてしまいますので、「残したくないけれど伝えたい」ことの投稿に向いています。

フリートを見る

1 ユーザーのアイコンをタップする。

フリートが投稿されている アイコンの見分け方

　フリートを投稿しているユーザーは、アイコンの周囲に細い線が表示されます。また、フォローしているユーザーがフリートを投稿すると、ホーム画面にアイコンが表示されます。

投稿・再生はアプリ限定

　フリートはアプリでのみ利用できます。パソコンやスマホのブラウザーでは投稿・再生ができません。（2021年2月現在）

2 フリートが表示される。

フリートは30秒以内

　フリートに投稿できる動画は30秒以内で、自動的に再生されます。また、写真や文字を画像化したものは、おおむね7秒程度表示されます。

フリートを投稿する

※2022年1月現在、フリートはサービス終了しています。

24時間で消えてしまう写真や動画を投稿する

フリートでは、主に写真や動画を投稿して、24時間だけ公開します。投稿は24時間が過ぎると自動的に消えてしまいます。文章の投稿もできますが、「画面に文字を入力した画像」のように扱います。写真や動画に文字を書き込み合成して投稿することもできます。

フリートを投稿する

1 「追加する」をタップする。

2 投稿する写真や動画をタップする。

ONE POINT **すでに投稿したフリートに追加する**

すでにフリートを投稿している場合でも、追加で投稿ができます。追加するときには、自分のフリートのアイコンの左側に「追加する」アイコンが表示されます。

ONE POINT **文章を投稿する**

文章を投稿したい場合には、「テキスト」をタップして文章を入力します。ただし文章の場合も、「文字を貼り付けた画像」として投稿されます。

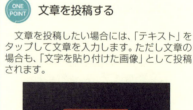

3 配置する大きさや位置を調整する。文字を追加する場合は をタップする。

1 ドラッグ

 2 タップ

ONE POINT　大きさや位置の調整

配置される画像や動画の大きさや位置は、次の方法で操作します。

・大きさの変更＝2本指でピンチアウト、ピンチイン
・位置の移動＝2本指でドラッグ
・回転＝2本指で回すようにドラッグ

ONE POINT　文字の入力は任意

フリートは画像だけでも投稿できます。ただし、文字を入力すれば見た人にメッセージを伝えることができ、画像をより楽しめるようになるため、多くのユーザーが文字も入力しています。

---

4 タップして文字を入力する。

「青」の海と空

1 入力

ONE POINT　動画に文字を追加する

動画を投稿するときは、再生部分の切り取り（トリミング）ができます。「切り取り」をタップしたら、写真と同様に文字の追加も可能です。

ONE POINT　文字数制限がない

ツイートでは「140文字以内」の制限がありますが、フリートは入力した文章を画像として投稿するため、文字数制限がありません。画面に入る範囲であれば、文字数を気にすることなく文章を書くことができます。

5 文字飾りを設定する。

1 タップ

6 文字の大きさや位置を調整し、「Fleet」をタップする。

2 タップ

1 ドラッグ

「青」の海と空

---

7 フリートが投稿される。

1 確認

Chapter

03

ツイートを使いこなそう

Twitterは使いこなすほど、さまざまな楽しみ方ができるSNSです。写真や動画をツイートしたり、より効率よく知りたいことを探したりできます。TwitterがほかのSNSと大きく違うのは、手軽だからこそ無限に多くの情報が投稿されていて、基本的に公開されていることです。そんな果てしなく広い世界の中でTwitterを使いこなし、情報ツールとして、コミュニケーションツールとして、毎日の「今」に役立てましょう。

文字と一緒に写真をツイートする

写真を載せる際は、写っている人や物の内容に気を付けること

Twitterに写真を投稿するときには、内容に十分な注意が必要です。他人が写っていたり、あるいは他人が投稿した写真を転載する場合など、事前に許可を取らないと肖像権や著作権の問題で思わぬトラブルになることもあります。

写真を付けてツイートする

1 「＋」をタップする。

2 文章を入力して、画像のアイコンをタップする。

ONE POINT　写真の「写り込みに注意」

ツイートする写真にもし一緒に写っている人物がいれば、あらかじめ載せていいか確認しましょう。また背景などに映り込んでいる人物が原因でトラブルになることもあります。ツイートする前に内容を十分に確認して、必要に応じてアプリの編集機能で隠すなどの加工をしましょう。

3 載せる写真をタップして、「追加する」をタップする。

4 「ツイートする」をタップする。

5 写真が文章と一緒にツイートされる。

ONE POINT　複数の写真も選択できる

写真は複数選択できます。複数の写真をツイートした場合は、ツイート画面には小さくまとめられ、タップすると1つずつ写真を見ることができます。

動くイメージイラストを載せて ツイートする

GIF動画をツイートに入れられる

Twitterには、さまざまな気持ちや状態を表している動く画像が用意されていて、自由に利用できます。この画像は「GIF動画」（ジフ動画）と呼ばれ、静止画を重ねてパラパラ漫画のような仕組みで動くように作られた画像です。

ツイートにGIF動画を載せる

1 「＋」をタップする。

2 文章を入力して、「GIF」をタップする。

3 「GIF画像をキーワード検索」をタップする。

 「GIF」とは

「GIF」とは「Graphics Interchange Format」の頭文字で、画像形式の1種です。インターネットの黎明期から存在して、サイズが小さいことが特徴である一方、使える色数が限られる（通常256色）といった制限もあります。また、静止画を重ねて動画のようにできる「GIF動画」が作れることも特徴です。

4 キーワードを入力して「検索」を タップする。

5 使う画像をタップする。

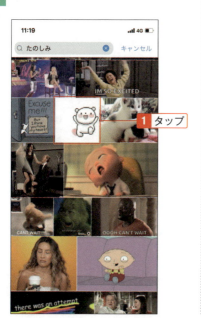

6 ツイート画面にGIF動画が挿入される ので「ツイートする」をタップする。

7 GIF動画つきのツイートがツイート される。

ONE POINT **GIF動画を自分で作る**

　GIF動画は、複数の静止画画像を重ね合わせることで作成できます。スマホに保存した画像を、GIF動画を作成できるアプリを使ってGIF動画にして保存すれば、オリジナルのGIF動画をツイートできます。自分で作成したGIF動画は、通常の画像や動画を付けてツイートする方法で投稿できます。

03

ツイートを使いこなそう

ツイートに動画を載せる

著作権や肖像権、動画のサイズなどにも気を配ろう

動画は多くの人に注目されます。Twitterに動画を載せたことがきっかけで世の中に広く拡散されることもあります。動画のツイートはたいへん効果の高い一方で、トラブルの原因にもなりますので、内容はしっかり確認しましょう。

動画を付けてツイートする

1 「＋」をタップする。

2 文章を入力して画像のアイコンをタップする。

 ファイルサイズは小さめに

　動画は写真や文字のデータに比べて、非常に多くの情報を持っているため、ファイルサイズが大きくなる傾向があります。通信料や通信時間もかかりますので、録画サイズを小さくする、時間を短くするなどの工夫でできるだけファイルサイズを小さくしましょう。

3 載せる動画をタップする。

1 タップ

4 動画を切り取る。下に表示されているタイムラインの開始部分と終了部分をドラッグして、再生する長さを調整し、「切り取り」をタップする。

2 タップ

1 ドラッグ

5 動画がツイートに付けられるので、「ツイートする」をタップする。

1 タップ

6 動画が文章と一緒にツイートされる。

1 確認

写真にタグ付けする

一緒に写真に写っている人の情報を追加できる

写真を付けてツイートするときに、写真には一緒にいる人を「タグ付け」という情報で追加することができます。ただしタグ付けするときは、その人にタグ付けしていいかどうかを確認しましょう。タグ付けされるのが嫌な人もいるかもしれません。

他のユーザーをタグ付けする

1 投稿画面で写真を追加し（SECTION 03-01）、「誰か写っていますか？」をタップする。

ONE POINT 「タグ」は「名札」のこと

「タグ」はデータに付ける「名札」のようなもので、写真のように文字で検索できないデータに「名札」を付けることで検索できるようにする機能です。

ONE POINT タグ付けは拒否できる

タグ付けは設定で拒否できます。タグ付けを許可していないユーザーはタグ付けできません。

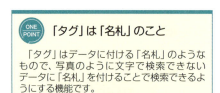

2 タグ付けするユーザーをタップする。表示されない場合は「送信するアカウントやグループを検索」をタップする。

3 ユーザー名やアカウント名を入力して、タグ付けするユーザーを検索してタップする。

ONE POINT 本来は一緒に写っている人を登録する機能

タグ付けは本来、写真に一緒に写っている人を登録するための機能でした。ただ個人情報に敏感になったこともあり、自分の写真を積極的に載せることを控える傾向にあります。そこでタグ付けはもっと広く、関係する人の情報を追加する目的で利用されています。

4 ユーザーが追加された。「完了」を
タップする。

5 「ツイートする」をタップする。

6 ツイートの写真にユーザーがタグ付
けされる。

03

ツイートを使いこなそう

ONE POINT **タグをタップすると
プロフィールを表示**

写真に付けられたタグをタップすると、そ
のユーザーのプロフィール画面に移動します。

ツイートを削除する

いったん公開したツイートの編集はできないので削除する

ツイートして公開したら、誤字の修正や内容の追加などはできません。どうしても修正が必要な場合は、削除してあらためてツイートします。削除前にフォロワーに見られていることもありますので、普段から、送信前に内容を確認してツイートしましょう。

ツイートを削除する

1 削除するツイートを表示して、「…」メニューをタップする。

2 「ツイートを削除」をタップする。

3 「削除」をタップする。

4 ツイートが削除される。

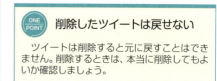

ONE POINT 削除したツイートは戻せない

ツイートは削除すると元に戻すことはできません。削除するときは、本当に削除してもよいか確認しましょう。

最新のツイートを表示する

ホーム画面を更新すると、最新のツイートが表示される

アプリを開いたときには自動的に新しいツイートを読み込みますが、手動で最新の状態に更新することもできます。特に何かしら話題が集中する出来事が起きたときなど、続々とツイートされる情報がある場合に有効な方法です。

ホーム画面を更新する

1 ホーム画面で「ホーム」をタップする。

1 タップ

> **ONE POINT** アイコンに●が付く
>
> ホーム画面に新しい情報が読み込まれると、アイコンの右上に「●」が表示されます。

2 画面が最上部までスクロールし、最新のツイートが表示される。

> **ONE POINT** 「新しいツイートを表示」でもOK
>
> 「↑新しいツイートを表示」をタップしても画面をスクロールできます。

1 ホーム画面を下向きにドラッグする。

1 ドラッグ

2 更新されている情報が読み込まれる。

3 ホーム画面が更新される。

ONE POINT 通信状態が悪いとエラーになる

通信状態が悪いときなど、最新のツイートが読み込めないときには、読み込み中の画面がしばらく続いたあとに「ツイートを読み込めません」と表示されます。その部分をタップすると再度、更新を行います。

「ホーム」と「最新ツイート」を切り替える

「ホーム画面」には、最新のもの以外のツイートも表示される

アプリの画面は「ホーム画面」と呼ばれる状態になっています。「ホーム」では最新のツイートに加え重要と思われるツイートなど内容を加味して表示されるので、「最新ツイート」では下に流れてしまう「少し前の重要な情報」を見逃さないメリットがあります。

「最新ツイート」に切り替える

1 「ホーム／最新ツイートの切り替え」をタップする。

3 最新のツイート順に表示される。

2 「最新ツイートに切り替え」をタップする。

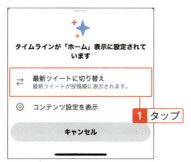

ONE POINT しばらくすると「ホーム」に戻る

最新のツイートが表示されている状態からは、同じ操作で「「ホーム」表示に切り替え」をタップすれば、ホーム画面に切り替えることができます。またアプリの画面を「最新ツイート」に切り替えても、数日程度アクセスしないと「ホーム」に戻ることがあります。

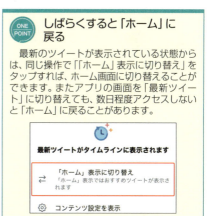

通知を確認する

自分のツイートに誰かが反応すると、いち早く知ることができる

アプリの通知は、自分のツイートに「いいね！」が付いたり返信があったりしたときに表示されます。通知を使えば、このようなすぐに知りたいことを、遅れることなく確認することができます。

アプリの通知画面を確認する

1 通知に表示されている数字を確認してタップする。

2 通知されている内容が表示される。

ONE POINT 通知される時と場所はいろいろ

通知はさまざまな場面で届きます。誰かにフォローされたり、自分のツイートに返信がツイートされたり、「知りたい」と思う場面で通知が届きます。通知はバナーやアイコンのバッジなどにも表示されます。なお、どのようなときに通知されるかは、Twitterアプリの設定画面またはiPhoneの設定アプリで変更できます。

▲フォローされると通知が届く

▲返信がツイートされると通知が届く

▲通知の数はバッジでも確認できる

自分のツイートだけを表示する

プロフィール画面で、自分のツイートだけを見られる

「ホーム」画面にはフォローしているユーザーのツイートや広告が表示されますが、自分のツイートだけを見たいときには、プロフィール画面を表示します。プロフィール画面には自分のツイートや、自分が投稿した返信コメントだけが時間順に表示されます。

プロフィール画面を表示する

1 メニュー ☰ をタップする。

2 自分のアイコンをタップする。

ONE POINT スワイプでメニューを表示する

アプリの場合、画面を左から右にスワイプしてメニューを表示することもできます。

ONE POINT プロフィール画面を直接開く方法

ホーム画面に自分のツイートが見えている場合、そのツイートのアイコンをタップするとプロフィール画面を表示できます。メニューを表示する必要がありません。

3 自分のツイートが表示される。タブをタップして切り替えられる。

1 タップ

4 「ツイート」タブには、ツイートとリツイートが表示される。

5 「ツイートと返信」タブには、それらに加えて返信のツイートも表示される。

ONE POINT 特定のユーザーのツイートだけを見る

自分のツイートだけを見るときと同様に、他のユーザーのプロフィール画面を表示すれば、そのユーザーのツイートだけを見ることができます。

自分のフォロワーを確認する

自分をフォローしているユーザーが「フォロワー」

自分をフォローしているユーザーを「フォロワー」と呼びます。一覧からプロフィールを開いて、自分のフォロワーがどのような人か確認できます。特に著名人の場合、フォロワーの数はそのユーザーがどれだけ注目されているかを示す1つの目安にもなります。

フォローワーの一覧を見る

1 メニュー ☰ をタップする。

2 「フォロワー」をタップする。

3 フォロワーが表示される。

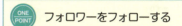 フォロワーをフォローする

　フォロワーの一覧で「フォロー中」と表示されているユーザーは自分もフォローしています。「フォローする」と表示されているユーザーは自分がフォローしていません。プロフィールを確認して相互でフォローし合うのもコミュニケーションを広げる方法の1つです。自分をフォローしてくれたユーザーをフォローし返すことを「フォローバック」(略してフォロバ)と言います。

自分がフォローしているユーザーを確認する

自分が誰のフォロワーになっているか、時々確認しよう

フォローする数が増えてくると、どのような人をフォローしているのかわからなくなってしまうかもしれません。ときどき自分がフォローしているユーザーを確認しておくと、必要に応じて削除するといった整理もできます。

フォロー中のユーザーを確認する

1 メニュー ☰ をタップする。

2 「フォロー」をタップする。

3 フォローしているユーザーが表示される。

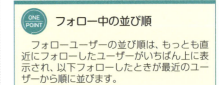

ONE POINT　フォロー中の並び順

フォローユーザーの並び順は、もっとも直近にフォローしたユーザーがいちばん上に表示され、以下フォローしたときが最近のユーザーから順に並びます。

ツイートをブックマークする

複数のツイートをブックマークできるが、分類などはできない

ツイートを「ブックマーク」しておくと、いつでも簡単に表示することができます。いわば付箋のような機能です。ただし元のツイートが削除された場合はブックマークからも消えますので、大事なツイートはスクリーンショットなどで保存しておきましょう。

ブックマークに追加する

1 ツイートを表示して「共有」をタップする。

2 「ブックマーク」をタップすると、ツイートがブックマークに保存される。

ブックマークしたツイートを呼び出す

1 メニュー☰をタップする。

2 「ブックマーク」をタップすると、ブックマークしたツイートが表示される。

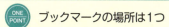

> **ONE POINT** ブックマークの場所は1つ
>
> Twitterのブックマークは1つの場所にすべてを記録します。ブラウザーのようにブックマークをフォルダーに分けて整理するといったことはできません。また元のツイートが削除された場合は表示されなくなります。

ツイートをブックマークから削除する

1 ブックマークしたツイートを表示して「共有」をタップする。

2 「ブックマークを削除」をタップする。

ブックマークのツイートをすべて削除する

1 ブックマークしたツイートを表示して「…」(メニュー) をタップする。

2 「ブックマークをすべて削除」をタップする。

3 「はい」をタップすると、ブックマークに登録したツイートがブックマークから削除される。

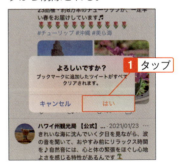

ツイートを下書き保存する

書きかけたツイートを一旦保存して、後で再開できる

作成途中のツイートを一時的に保存できます。書きあがったけれど完成度が今一つのようなときにも、下書きとして保存しておけます。思いついたときにとりあえず下書きしておけば、あとからツイートしたかったことを忘れたなんてこともありません。

書きかけのツイートを保存する

1 ホーム画面で「＋」をタップする。

2 文章を入力し、「キャンセル」をタップする。

3 「下書きを保存」をタップすると、書きかけが下書きに保存され、ホーム画面に戻る。

ONE POINT　複数の下書き保存ができる

下書き保存できる書きかけのツイートは1つとは限らず、複数の下書き保存ができます。

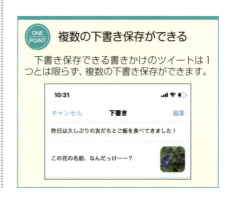

85

下書き保存からツイートする

下書きから続きを書くことも、そのまま削除もできる

下書き保存がある状態でツイートを入力しようとすると、入力画面に「下書き」の表示が現れ、下書き保存があることがわかります。下書きはツイートすると自動的に消去されます。また不要な下書きはツイートしないで削除することもできます。

下書きを仕上げてツイートする

1 投稿画面（SECTION03-01の手順1）で「下書き」をタップする。

2 使う下書きをタップする。

3 ツイート画面に下書きが表示される。

4 内容を完成させて「ツイートする」をタップすると、作成した内容がツイートされる。

ONE POINT　下書きは新しい方が上

下書きが複数ある場合、新しい下書きほど上に表示されます。

1 下書きを表示して、「編集」をタップする。

2 削除する下書きをタップして、「削除」をタップする。

3 下書きが削除される。「完了」をタップする。

下書きの入力画面から削除する

下書き保存を呼び出して入力する画面で、ツイートせずに「キャンセル」をタップすると下書きを削除するか、再度保存するか選択できます。

メモ代わりの下書き

下書きは「とりあえず記録しておくメモ」にも便利です。写真を付けることもできますので、スマホで撮影した写真のコメントをとりあえず保存しておくといった使い方もできます。

03

ツイートを使いこなそう

自分宛ての返信を見る

返信にさらに返信して、コミュニケーションすることもできる

ツイートに返信が付くとうれしいものです。返信は「リプライ」「@ツイート」（アットマークツイート）とも言い、返信だけをまとめて見ることができます。返信に返信すれば、会話が広がるかもしれません。

返信だけを表示する

1 「通知」をタップする。

2 「@ツイート」をタップする。

3 返信だけが表示される。

> **ONE POINT 返信を非表示にする**
>
> 自分宛ての返信をほかのユーザーに見られたくないとき、非表示にすることができます。返信の右上のメニューをタップして、「返信を非表示にする」をタップします。
>
>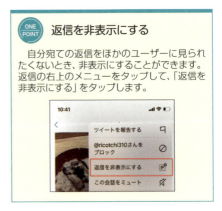

長文をツイートする

1つのツイートは140文字までなので、複数回に分けて投稿する

Twitterへのツイートは1つにつき140文字までと決まっています。そこで長文のツイートは複数に分け、はじめのツイートに続けて、新しいツイートを元のツイートと結び付けてツイートします。

複数のツイートをつなげて投稿する

1 ホーム画面で「＋」をタップする。

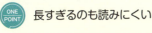

2 文章を入力する。ツイートできる文字数の残りが少なくなったら「ツイートを追加」をタップする。

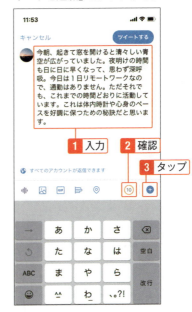

ONE POINT　長すぎるのも読みにくい

　短文でシンプルに投稿できることがTwitterの特徴です。長文がツイートできると言っても、あまりにだらだらと長い文章はユーザーが読んでくれないこともあり得ますので、内容をうまくまとめて読みやすく工夫しましょう。

ONE POINT　あとどれぐらい入力できる？

　1つのツイートで入力できる文字数は140文字と決められています。入力している文字数は円グラフで表示され、入力できる残りの文字数が20文字以下になると数値が表示されます。

3 続きを入力して「すべてツイート」をタップする。

2 タップ

1 入力

4 複数に分けられてツイートされる。

1 確認

ツイートの区切れ目を考える

長文をツイートして、ツイートできる文字数の残りが少なくなってきたら、文章や言葉の区切りを考えて「ツイートを追加」をタップします。分割されたツイートが読みやすくなるように考えて区切れ目を決めましょう。140文字いっぱいまで詰め込んでも、文章の区切れ目が悪ければ読みにくいものになってしまいます。

画像で長文をツイートする

長文を複数に分けてツイートする方法の他に、長文を画像にして投稿する方法もあります。画像編集アプリなどで長文を書き、その画像をツイートすることで1つのツイートにすべての文章を表示できるようになります。ただし画像なので、文字を検索しても検索結果に表示されません。

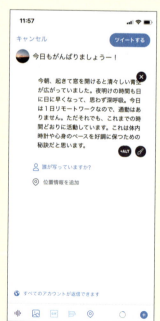

ツイートされた日時を確認する

ツイートに、日時が表示されている

ホーム画面に表示されるツイートには「1時間前」「2日」と、ツイートされてからだいたいの時間が表示されます。もしもっと詳しく日時を知りたいのであれば、ツイートを開いて表示します。

詳しい日時を確認する

1 ホーム画面にはツイートからのだいたいの経過時間が表示されている。ツイートされた日時を確認したいツイートをタップ。

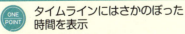

2 ツイートの下部に、ツイートされた日時が表示されている。

ONE POINT タイムラインにはさかのぼった時間を表示

ホーム画面のタイムラインには、ツイートから1日以内であれば「今から○時間前」が表示され、だいたいの時間がわかります。

ONE POINT タイムラインには1日以上前なら日付が表示される

ホーム画面のタイムラインで、1日以上前のツイートにはツイートされた年月日が表示されます。時間を表示したい場合はツイートをタップして確認します。

ツイートに使われたアプリを確認する

ツイートに使われたアプリから、偽物かどうか判明することも

ツイートの詳細画面には、ツイートに使われたアプリの名前が表示されます。特にメディアや有名人のツイートはいつも同じアプリが使われているので、いつもと違う表示であれば、のっとりやなりすましを見つけるヒントにもなります。

何の端末やアプリからツイートしたか確認する

1 使われたアプリを確認したいツイートをタップ。

2 ツイートの下部に、ツイートに使われたアプリが表示されている。

 インスタや専用アプリの場合もある

　ツイートに使われたアプリが「Twitter for iPhone」「Twitter for Android」の場合、公式アプリを示します。「Twitter Web App」はパソコンやスマートフォンのブラウザーなどからのツイートです。「Intagram」であれば、InstagramのアプリからTwitterにも同時ツイートされたものであることがわかります。またメディアや一部の企業などでは専用のアプリを使っていることもあります。

Chapter

04

コミュニケーションを広げよう

Twitterでは、返信やリツイートでコミュニケーションが広がりますが、ほかにもいくつかのコミュニケーションに役立つ機能があります。ダイレクトメッセージではメールと同じように、他のユーザーに知られることなく気軽なメッセージのやりとりができます。24時間限定公開のフリートでは「足あと」機能により誰が見てくれたかがわかります。公開されるやりとり以外の方法を、目的や相手によって上手に使い分け、世界中のユーザーたちとのコミュニケーションをもっと楽しめます。
※2022年1月現在、フリートはサービス終了しています。

直接やりとりできるメッセージを送る

ダイレクトメッセージは、送った相手だけが見られる

他のTwitterユーザーに直接メッセージを送る機能は「ダイレクトメッセージ」と呼びます。メールと同じような機能で、他の人には見られません。メールアドレスやLINEなどのメッセージサービスで連絡を取れない相手とのやり取りに利用できます。

ダイレクトメッセージを送る

1 メッセージを送る相手のプロフィールを表示して「ダイレクトメッセージ」をタップする。

2 「メッセージを作成」をタップする。

 ONE POINT ダイレクトメッセージを送信できる相手

ダイレクトメッセージは、次の条件のいずれかに当てはまる相手に送信することができます。

・お互いにフォローしている
・相手がダイレクトメッセージをすべてのユーザーに許可している

この条件に当てはまらないユーザーにはダイレクトメッセージを送ることができず、プロフィール画面に「ダイレクトメッセージ」のアイコンが表示されません。

3 メッセージを入力して、「送信」を
タップする。

4 メッセージが送信される。

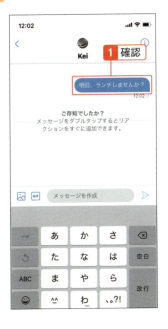

**ONE POINT　一度メッセージを
やりとりしたら**

ダイレクトメッセージを一度でもやりとり
したことがある相手の場合、ホーム画面の「ダ
イレクトメッセージ」をタップしてメッセージ
画面に移動できます。

ONE POINT　すぐに通知が届く

ダイレクトメッセージは届いたことを通知
で確認できますので、ほぼリアルタイムに届
けることができます。

バナーに通知を表示している場合は、メッ
セージの冒頭部分を確認することができます。

届いたダイレクトメッセージを読む

メッセージアプリのような画面でやりとりする

自分宛てにダイレクトメッセージが届くと通知が表示されます。ダイレクトメッセージは、他のメッセージアプリのように会話形式で表示されます。メールアドレスやメッセージアプリで連絡先を知らない相手とでもメッセージのやり取りができます。

通知からダイレクトメッセージを表示する

1 ダイレクトメッセージを受信すると通知が届く。「ダイレクトメッセージ」をタップする。

2 表示するダイレクトメッセージをタップする。

3 ダイレクトメッセージが表示される。

ダイレクトメッセージに返信する

ONE POINT

ダイレクトメッセージに返信するときは、ダイレクトメッセージの画面でメッセージを入力して送信します。

有名人の公式アカウントを見つける

公式アカウントには「認証マーク」が付いている

有名人も多くTwitterを使って情報発信をしています。しかし偽物が存在することも現実です。これを見分けるために、有名人のTwitterアカウントには多くの場合、「認証マーク」(公式マーク) が付けられています。

認証マーク (公式マーク) で確認する

1 ホーム画面で「検索」をタップし、検索画面で「キーワード検索」をタップする。

2 有名人の名前を入力して、アカウントを検索する。認証マーク (公式マーク) を確認する。認証マークのあるアカウントが本物を示している。

3 アカウントを確認する。念のため自己紹介なども確認する。

 公式アカウントは名前で登録

Twitterはニックネームで登録している人も多いですが、有名人の公式アカウントの場合、本人の本名 (または芸名) で登録されています。

 認証マークがない場合もある

本人であることを証明する認証マークは、すべての有名人に付いているとは限りません。認証マークはTwitter社に申請して取得しますが、手続き上の問題などですべての有名人に付けられていない状況です。「本人のはずなのに認証マークがない」と思ったら、ツイートの内容やほかの公式ブログなどから確認しましょう。

特定のユーザーのツイートだけを見る

フォローしていないユーザーのツイートをまとめ見するときに便利

ホーム画面にはフォローしているすべてのユーザーのツイートが並びます。あるユーザーのツイートだけを見たいときに探すのは面倒です。特定のユーザーのツイートだけを見たいなら、そのユーザーのページを表示します。

特定のユーザーのページを検索する

1 ホーム画面で「検索」をタップし、「キーワード検索」をタップする。

2 ユーザーを検索してタップする。ユーザー名がわかっているなら、ユーザー名を入力する。有名人であれば名前を入力しても見つけることができる。

3 検索したユーザーのページを表示する。

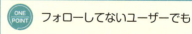

ONE POINT **フォローしてないユーザーでも**

この方法で表示すると、フォローしていないユーザーのツイートでもまとめて見ることができます。ユーザー名がわからない場合は名前などを入力して検索することもできます。

写真や動画つきのツイートをまとめて見る

動画をよく投稿するユーザーのまとめ見などに便利

ニュースメディアや芸能人などは特に、写真や動画がついたツイートを多く見かけます。このようなツイートだけを絞り込んで表示すると、見たい写真や動画を手軽に楽しめます。また、キーワードで指定して関連する写真や動画をまとめて見ることもできます。

写真や動画つきのツイートだけを表示する

1 ユーザーのページを表示して「メディア」をタップする。

2 写真や動画つきのツイートだけが表示される。

 ONE POINT　キーワードで写真や動画を探す

検索するときにユーザーを特定せず、キーワードから検索結果を表示しても、そのキーワードに関連する写真や動画をまとめて見ることができます。

特定のユーザーがつけた「いいね！」を見る

他の人の「いいね！」から興味あるツイートを探す

自分が興味のあるユーザーが、どんなツイートに「いいね！」をつけているのか、気になるところです。どのような話題があるのか、おもしろい話題、気になるツイートなど「いいね！」から見つけてみましょう。

他のユーザーのページで「いいね！」を表示する

1 ホーム画面で「検索」をタップする。

2 「キーワード検索」をタップする。

ONE POINT 「いいね！」した投稿が削除されたら

ユーザーが「いいね！」した元の投稿が削除されたら、そのユーザーがした「いいね！」からも削除されます。

ONE POINT タイムラインから直接プロフィールを表示

フォローしているユーザーであれば、ユーザーを検索しなくても、タイムラインに表示されているツイートでユーザーのアイコンをタップすればプロフィールを表示して、簡単にそのユーザーが付けた「いいね！」を見ることができます。

3 ユーザーを検索する。ユーザー名がわかっているなら、ユーザー名を入力する。

5 そのユーザーが「いいね！」を付けたツイートが表示される。

4 検索したユーザーのページが表示されたら「いいね」をタップする。

> **ONE POINT**
> ### 「いいね！」を付けたことがないユーザー
>
> 表示したユーザーが「いいね！」を付けたことがない場合、「まだツイートをいいねしていません」と表示されます。そのユーザーがこれまで何もツイートしたことがないという意味ではなく、「「いいね！」としてツイートしたことがありません」という意味です。

自分が投稿したフリートを削除する

※2022年1月現在、フリートはサービス終了しています。

24時間経つ前に削除したい場合に

フリートは投稿から24時間経つと自動的に削除されますが、それより前に表示されないようにしたいときには、強制的に削除します。フリートを削除した場合、元に戻すことはできません。投稿の修正をしたい場合も、一度削除してから再投稿します。

フリートを削除する

1 フリートのアイコンをタップする。

> **ONE POINT メニューは表示中にタップ**
>
> フリートは7〜10秒程度で表示が終了することもあります。メニューは表示が終了するまでの時間にタップします。

2 「メニュー」（V）をタップして「Fleetを削除」をタップする。

3 フリートが削除される。

フリートをツイートする

※2022年1月現在、フリートはサービス終了しています。

フリートの投稿をツイートで広める

フリートは24時間で消えてしまいますし、フォロワー以外には届きにくいこともあります。そこでフリートをツイートすれば、ツイートからフリートを表示することができるようになり、より多くの人に見てもらえる可能性が高くなります。

04

コミュニケーションを広げよう

フリートを画像でツイートする

 フリートのアイコンをタップする。

 「メニュー」(V) をタップし、「ツイートする」をタップする。

 フリートが画像で挿入される。文章を入力して、「ツイートする」をタップすると、フリートがツイートされる。

ONE POINT メニューは表示中にタップ

フリートは7~10秒程度で表示が終了することもあります。メニューは表示が終了するまでの時間にタップします。

ONE POINT 文章の入力が必要

フリートのツイートは、画像を付けてツイートする操作と同じです。したがって、フリートの画像に加えて、文章を入力します。

自分のフリートを見たユーザーを確認する

※ 2022年1月現在、フリートはサービス終了しています。

フリートには「足あと」機能がある

フリートは、誰が見たかわかる「足あと」機能があります。フリートの投稿から24時間の表示時間の間であればいつでも確認することができます。なお「足あと」はフリートを投稿したユーザー（自分）しか見られません。

フリートの足あとを確認する

1 フリートのアイコンをタップする。

2 フリートの足あとをタップする。

3 フリートを見たユーザーが表示される。

ONE POINT フリートだけの「足あと」機能

ツイートは「いいね！」や「コメント」などがない限り誰が見たかまではわかりません。「足あと」はフリートだけの機能です。

ツイートをフリートに表示する

※ 2022年1月現在、フリートはサービス終了しています。

ツイートをフリートに載せればフォロワーに届きやすい

自分やほかのユーザーのツイートをフリートに載せます。コメントを追加することもでき、タイムラインでは短時間で流れて表示が下の方になってしまうツイートも、フリートならフォロワーに届きやすくなります。

ツイートをフリートに載せる

1 ツイートを表示し、「共有」をタップする。

2 「Fleetで共有」をタップする。

 ONE POINT 背景色は自動的に設定される

ツイートをフリートするとき、フリートの背景色はツイートの写真の色などから自動的に設定されます。

3 ドラッグして大きさや位置を調整。文字を追加し、「Fleet」をタップする。

4 ツイートがフリートに投稿される。

ONE POINT 他のユーザーのツイートも
フリートに投稿できる

　他のユーザーのツイートも、同様に「共有」からフリートに投稿できます。ただし他のユーザーのツイートを投稿する場合は、マナーを守って、誹謗や中傷などの不適切な投稿はやめましょう。

特定のユーザーのフリートを非表示にする

※ 2022年1月現在、フリートはサービス終了しています。

ホーム画面に、そのユーザーのフリートを表示しないようにする

ホーム画面にはフォローしているユーザーのフリートが表示されます。表示したくない場合は、ユーザーごとにフリートを非表示にすることができます。フォローしているユーザーが多い場合に、見たい人のフリートだけに整理して、見逃しを防げます。

フリートを非表示にする

1 非表示にするユーザーのアイコンをタップする。

2 フリートの「メニュー」(V) をタップする。

3 「(ユーザー名) さんをミュート」をタップする。

> **ONE POINT** **不適切な投稿を報告**
>
> フリートに不適切な内容がある場合、「Fleet を報告」をタップすると、Twitter運営に報告できます。ただし判断は運営側が行うため、必ずしも削除されるといった対応が行われるとは限りません。

04

コミュニケーションを広げよう

4 「Fleetをミュート」をタップする。

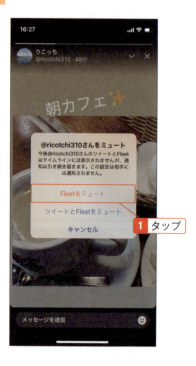

5 フリートがミュートされる。

6 ホーム画面のアイコンが非表示になる。

ONE POINT 「ツイートとFleetをミュート」

「ツイートとFleetをミュート」をタップすると、そのユーザーのツイートとFleetを同時に非表示にできます。

フリートの非表示を解除する

※2022年1月現在、フリートはサービス終了しています。

非表示にしたユーザーのフリートを「ミュート解除」で戻す

非表示にしたユーザーのフリートは、設定画面からミュートを解除することで、元に戻すことができます。ただし、非表示にしている間に投稿され、表示時間が過ぎたフリートは見ることができません。

フリートのミュートを解除する

1 メニュー☰をタップする。

2 「設定とプライバシー」をタップする。

3 「コンテンツ設定」をタップする。

4 「ミュート中」をタップする。

04

コミュニケーションを広げよう

109

5 「ミュートしているアカウント」を
タップする。

6 「Fleet」をタップする。

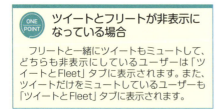

ONE POINT

ツイートとフリートが非表示に
なっている場合

フリートと一緒にツイートもミュートして、
どちらも非表示にしているユーザーは「ツ
イートと Fleet」タブに表示されます。また、
ツイートだけをミュートしているユーザーも
「ツイートと Fleet」タブに表示されます。

7 「ミュート解除」をタップする。

8 ミュートが解除される。

9 ホーム画面にフリートが表示され
る。

フリートでリアクションを送る

※2022年1月現在、フリートはサービス終了しています。

フリートでは絵文字のリアクションを送れる

フリートには絵文字を使って簡単にリアクションを送ることもでき、フォローしている
ユーザーと手軽にコミュニケーションができます。リアクションやコメントはダイレク
トメッセージとして送信されます。

04

コミュニケーションを広げよう

フリートにリアクションを送る

1 フリートのアイコンをタップする。

3 リアクションが送信される。

2 画面下部の「メッセージを送信」を
タップし、絵文字をタップする。

フリートにメッセージを送る

1 フリートのアイコンをタップする。

1 タップ

2 画面下部の「メッセージを送信」を
タップしてメッセージを入力し、「送
信」をタップする。

1 入力　　2 タップ

オシャレ！！

3 メッセージが送信される。

ダイレクトメッセージが送信されました

ONE POINT 受信は「ダイレクトメッセージ」

自分のフリートにほかのユーザーから「リ
アクション」や「メッセージ」が送られると、
ダイレクトメッセージで届きます。

さまざまなニュースを見る

ニュースの記事と、ニュースに関するツイートを同時にチェックできる

Twitterではリアルタイムの情報発信が行われています。そのため、いま起きているニュースを知りたいときにもTwitterはとても役立ち、アプリではニュースをまとめたツイートを見ることができます。

特定のニュースに関する記事やツイートを見る

1 ホーム画面で「検索」をタップする。

1 タップ

2 見たいニュースのジャンルをタップして、さらに見たいニュースをタップする。

1 タップ

2 タップ

3 ニュースに関するツイートや記事が表示される。

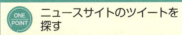

ONE POINT　ニュースサイトのツイートを探す

「ニュース」で表示されるのは、そのニュースのおおまかな内容と、ニュースに関するツイートです。詳しいニュース記事を読みたいときには、ツイートからニュースを扱うメディアの公式アカウントを探せば、多くの場合はツイートに記事へのリンクが貼られていますので、より詳しい内容を知ることができます。

「炎上」させないために

「炎上」と「バズる」は違う

Twitterが「炎上」するということは、ツイートが批判を浴びながら拡散されてしまうこと。一方で「バズる」(Buzz＝蜂がぶんぶんと飛び回ること) も広く拡散されることを言いますが、炎上はネガティブな拡散に対して、バズるはポジティブな拡散の意味が含まれます。

「炎上」させないための心構え

　しばしば聞く「炎上」。「炎上」によって誹謗や中傷を浴びたり、怖い思いをするといった話も聞きますが、特に怖がる必要はありません。普通にしていれば炎上はしないからです。

　炎上はほとんどの場合、良識のない発言や世間一般に受け入れられない暴言が原因で、言い換えれば良識をもってツイートしていれば炎上することはないのです。Twitterを見ていると、必ずしも自分と意見の合わない発言を見かけることもありますが、それも1つの意見ですし、直接あなたのことを否定しているわけではありません。いっときの感情に流されて、ついきつい表現を投稿してしまうといったことのないように気をつけましょう。

ONE POINT

炎上に巻き込まれたら

　めったにないことですが、有名人や話題のツイートに送ったちょっとした返信などが誤解を生み、炎上に巻き込まれることが稀にあります。そのようなときは逆らったりせず、発言を控えて時間が過ぎるのを待ちましょう。炎上は時間とともに鎮まります。ただし、もし自分に対する誹謗や中傷が激しくなり、実際に身の危険を感じるほどのことがあれば、警察に相談しましょう。

Chapter

05

効率よくツイートを探す
テクニック

Twitterは情報ツールとしてもたいへん役立ちます。時々刻々
と新しいツイートが投稿され、その中にはリアルタイムだから
こそ得られる「今」の情報がたくさん存在しています。世界中
から投稿される数多くのツイートから、自分が必要な情報を探
し出すには検索のテクニックが重要。単純なキーワードを使っ
た検索に加えて、もう一工夫することで欲しい情報により近づ
くことができるでしょう。

キーワードでツイートを検索する

任意のキーワードで検索できる。多少長くても大丈夫

Twitterアプリのキーワード検索は、無数にあるツイートの中から、そのキーワードを含むツイートを見つけることができます。最近のものから検索されるので、刻々と変わる今の状況を一早く知ることができます。

キーワード検索する

1 ホーム画面で「検索」をタップ。

1 タップ

2 「キーワード検索」をタップ。

1 タップ

3 キーワードを入力して「検索」をタップ。

1 入力

1 タップ

ONE POINT **多くツイートされているキーワードが検索候補に**

検索キーワードを入力すると、そのときのツイートに多く含まれるキーワードが候補で表示されます。検索候補に該当するものがあれば、タップして結果を表示できます。

4 検索結果が表示される。「話題」タブには注目の高いツイートが表示される。

5 「最新」タブには検索キーワードを含むすべてのツイートが新しいものから順に表示される。

キーワードを長めに入れたり、文章で検索したときには、自動的に内容を分解し、完全に一致するもの以外にも関連しそうな検索結果を表示します。

何度か検索を行うと、検索画面に過去の検索履歴が表示されます。同じキーワードで何度も検索するときには検索履歴を使うと便利です。

05

効率よくツイートを探すテクニック

条件付きでツイートを検索する（AND検索）

複数のキーワードをすべて含むツイートを検索する

複数のキーワードを指定して「すべてのキーワードを含む」ような検索を「AND検索」と呼びます。指定するキーワードの数に制限はなく、汎用的な言葉の検索だと多くの検索結果が出てしまいますが、キーワードを増やすことで情報を絞り込めます。

AND検索する

1 ホーム画面で「検索」をタップ。

2 「キーワード検索」をタップ。

3 複数のキーワードをスペースで区切って入力して「検索」をタップ。

4 検索結果が表示される。

条件付きでツイートを検索する（OR検索）

いずれかのキーワードを含むツイートを検索する

複数のキーワードのうち「いずれかのキーワードを含む」検索を「OR検索」と呼びます。「A」または「B」を含む情報を探したいとき、「A」の検索し次に「B」を検索といった方法がありますが、「OR検索」で「AまたはB」を検索すれば一度で済みます。

OR検索する

1 ホーム画面で「検索」をタップ。

2 「キーワード検索」をタップ。

3 複数のキーワードの間に「 OR 」を入力して「検索」をタップ。

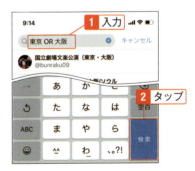

 OR検索は半角大文字

OR検索の区切りに使う「OR」は必ず半角の英数大文字で入力します。また、前後には半角のスペースを入力します。

4 検索結果が表示される。

 カッコを付けて細かく条件を指定する

　条件式を使った検索は一般的な数式と同じように、複数の条件を並べて検索することもできますし、カッコ（半角）で優先順位を付けることもできます。たとえば**スイーツ（ケーキ OR フルーツ）**で検索すれば、「スイーツ」と「ケーキまたはフルーツ」が含まれる結果を表示します。つまり、「スイーツ AND ケーキ」または「スイーツ AND フルーツ」の検索になります。

 その他の主な条件式

ツイートの検索で使える条件式は多くありますが、「OR」の他にも次のものは覚えておくと便利です。

条件式	意味	記述例	補足
" "	完全に一致した言葉	"今日の天気"	「天気」や「今日の東京の天気」は検索対象にならない
-	除く	天気 -雨	「天気」を含むツイートのうち「雨」を含むものを除く
:)	ポジティブ検索	テスト :)	「テスト」を含むポジティブな内容のツイートを検索
:(	ネガティブ検索	テスト :(	「テスト」を含むネガティブな内容のツイートを検索
since:	ツイート期間（から）	サッカー since:2020-12-10	2020年12月10日以降のツイートを検索
until:	ツイート期間（まで）	サッカー until:2020-12-10	2020年12月10日以前のツイートを検索

注目されている話題のツイートを探す

ハッシュタグは、注目している人が多いキーワード

ハッシュタグは、キーワード検索よりもさらに注目されているキーワードです。ツイートのタイトルや見出しとも言えます。ハッシュタグでツイートを検索すれば、より知りたい話題に近づくことができます。

ハッシュタグで検索する

1 ホーム画面で「検索」をタップ。

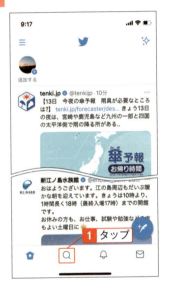

2 「キーワード検索」をタップ。

3 ハッシュタグを入力して「検索」をタップ。

4 検索結果が表示される。

キーワードでユーザーを探す

ユーザーの表示名またはアカウント名で検索

たとえば有名人や企業の公式Twitterを見たいときには、通常のキーワード検索から検索対象を「ユーザー」だけに絞ります。有名人や企業は、正確なフルネームを忘れてしまっても、一般的に知られている通称や相性で探せる場合もあります。

ユーザーの表示名で検索する

1 ホーム画面で「検索」をタップ。

2 「キーワード検索」をタップ。

3 名前を入力して「検索」をタップ。

有名人や企業は そのままの名前が基本

一般的なTwitterユーザーは表示名を好きなニックネームなどにしていますが、有名人や企業は基本的にグループ名や芸名、会社名のように一般的に知られている名前で検索すれば見つかります。

4 「ユーザー」をタップ。

 1 タップ

5 関連するユーザーが表示される。

アカウント名がわかっている場合

ユーザー名を表示名で検索するときの問題は「同姓同名の人物」や「同盟の会社」があることです。まったくの他人や関係のないアカウントと間違えたり、「なりすまし」を本物と思ってしまう可能性もあります。

一方でアカウント名は重複していないので、もし探したいユーザーのアカウント名がわかっている場合、アカウント名で検索すると確実です。

▲ 表示名で検索すると、近いものが複数ヒットする。

▲ アカウント名で検索すれば、目的の相手のみがヒットする。

盛り上がっているツイートを探す

そのとき多くツイートされている「トレンド」から探す

「トレンド」とは、そのときに多くツイートされているキーワードです。トレンドを見るだけでも、そのときに起きていることをリアルタイムで知ることができます。例えば話題のニュースや放送中のテレビ番組など、その瞬間に起きている注目や流行が現れます。

トレンドを探す

1 ホーム画面で「検索」をタップし、トレンドを表示する。

2 スクロールして見たいトレンドをタップ。

3 トレンドに関するツイートが表示される。

 一瞬で内容が更新

トレンドで表示されるツイートは、続々と新しいツイートが増える今そのときの世の中の動きです。トレンドを表示したら、こまめに画面をスワイプして内容を更新してみましょう。

トレンドを表示する国を変える

海外で、その国のトレンドを見る時に役立つ

普段はトレンドの場所を変える必要はありません。国内および自分のいる周辺、フォローユーザーなどから最適なトレンドが表示されます。ただ海外での話題を見たいときなど、トレンドの対象となる場所を変えることもできます。

トレンドの場所を変える

1 ホーム画面で「検索」をタップ。

2 トレンドが表示されるので、右上の「設定」をタップ。

3 「現在の場所のコンテンツを表示」をオフにする。

4 「場所を調べる」をタップする。

5 「場所を検索」をタップする。

1 タップ

リストから国名を選べる

表示されている国名から探してタップし、設定することもできます。

6 国名の一部を入力し、国名をタップする。

1 入力

2 タップ

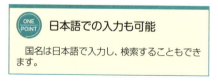
日本語での入力も可能

国名は日本語で入力し、検索することもできます。

7 「完了」をタップする。

1 タップ

8 選んだ地域のトレンドが表示される。

1 確認

不要な検索結果をできるだけ減らす

ブロック中のユーザーや不適切なツイートを除いた検索結果を表示

Twitterの検索結果から、ブロックしているユーザーのツイートや、不適切なツイートを除外します。初期状態でオンになっていますが、効率よく検索するためにもこれらの設定は必須なので、オフになっていたら、ここで説明する方法で戻しましょう。

サーチ設定を確認する

1 ブラウザーアプリでTwitterにログインして、ホーム画面で自分のアイコンをタップする。

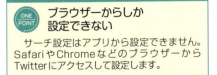

2 「設定とプライバシー」をタップする。

> **ONE POINT ブラウザーからしか設定できない**
>
> サーチ設定はアプリから設定できません。SafariやChromeなどのブラウザーからTwitterにアクセスして設定します。

> **ONE POINT ブラウザーも操作はほぼ同じ**
>
> アプリを使わずブラウザーでTwitterを使っても、操作はほぼ同じです。ブラウザーにあってアプリにないメニューがいくつかあり、主に設定でブラウザーだけしかできないことがありますので、普段はアプリで使っていても、必要に応じてブラウザーで使うとよいでしょう。

3 「プライバシーとセキュリティー」を
タップする。

4 「表示するコンテンツ」をタップする。

5 「検索設定」をタップする。

6 「センシティブな内容を含むものを
表示しない」と「ブロックしている
アカウントとミュートしているアカ
ウントを除外する」がオンになって
いることを確認する。

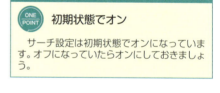

ONE POINT **初期状態でオン**

サーチ設定は初期状態でオンになっていま
す。オフになっていたらオンにしておきましょ
う。

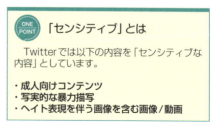

ONE POINT **「センシティブ」とは**

Twitterでは以下の内容を「センシティブな
内容」としています。

・成人向けコンテンツ
・写実的な暴力描写
・ヘイト表現を伴う画像を含む画像/動画

Chapter
06

ワンステップ上のフォローや
ツイート機能を使いこなそう

自分のツイートや、世界中のユーザーのツイート。無数に存在するツイートにもうひと工夫する機能を使って、もっとTwitterを楽しみましょう。さらにSNSはTwitterだけではありません。ほかのSNSも使っているなら、Twitterと連携することで、さらに幅の広い情報発信ができるようになります。

見てほしいツイートを最上位に表示する

ツイートを固定することで、自分のアピールにもなる

自分のツイートのうち1つを自分のページの最初に表示することができます。「ツイートの固定」と呼び、目立つ位置に置くことで、多くの人に見てもらうことができるようになります。「自己紹介の追加」のようにも使えます。

ツイートを固定する

1 固定したいツイートを表示して「…」（メニュー）をタップし、「プロフィールに固定する」をタップする。

3 最上位に表示される。「固定されたツイート」と表示されていることで、このツイートの表示が固定されていることがわかる。

2 「固定する」をタップする。

> **ONE POINT　固定表示を解除する**
>
> 固定表示にしたツイートを解除するときには、同じ手順で「プロフィールから固定を解除する」をタップします。

ツイートに位置情報を付ける

現在地以外の位置情報も付けられるが、扱いは慎重に

現在地の位置情報は「いつどこにいる」がわかってしまうので慎重に取り扱う必要がありますが、ツイートと関連のある現在地以外の場所を付けることもできるので、過去の旅行などのツイートに位置情報を付けるときは有効な方法です。

ツイートに位置情報を表示させる

1 ホーム画面で「＋」をタップする。

2 ツイートを入力して、「位置情報」をタップする。

3 現在地や周辺の地域が表示される。「リストを検索」をタップする。

> **ONE POINT** 位置情報の範囲は広めに
>
> 位置情報として付ける場所の名前は、都道府県までや市町村までなど、自由に範囲を選べます。個人が特定されてトラブルになるようなことを避けるためにも、ある程度広めの範囲にしておきましょう。

4 検索ボックスに地名を入力して、「○○を検索」をタップする。

06 ワンステップ上のフォローやツイート機能を使いこなそう

5 検索された地名をタップする。

6 位置情報がツイートに付けられるので、「ツイートする」をタップして送信する。

 位置情報をオフにする

　一度位置情報を付けると、次にツイートするときに自動的に現在地が挿入されるようになります。位置情報を削除するには、地名をタップして「削除」をタップします。

7 位置情報を付けてツイートされた。ツイートをタップする。

8 ツイートに位置情報が表示されている。

 現在地情報は避ける

　位置情報を付けるとき、場所の一覧では今いる場所がいちばん上に表示されますが、現在地の情報を付けることには十分慎重に考える必要があります。旅先で現在地がわかる位置情報や写真を付けてリアルタイムにツイートし、留守であることがわかってしまい空き巣に入られる、といった被害も多く発生しています。また自宅が特定されたり、さまざまな被害につながることも想定されるので、今いる場所をツイートすることは特別な理由がない限り避けましょう。

アンケートを作る

選択式のアンケートをツイートできる

フォロワーをはじめ、自分のツイートを見た人に問いかけるアンケートを作れます。いくつかの選択肢を作って意見を聞くことができます。なおアンケートの回答は匿名で、割合や投票数だけが公開されます。

アンケートをツイートする

1 ホーム画面で「＋」をタップする。

2 ツイート画面で質問の文章を入力して「アンケート」をタップする。

3 回答を入力する。回答を増やす場合は「＋」をタップする。

4 投票期間をタップする。

06

ワンステップ上のフォローやツイート機能を使いこなそう

5 投票期間を設定する。

6 「ツイートする」をタップする。

7 アンケートがツイートされる。

8 投票が進むと、票数と割合が表示される。

ツイートを見られた回数を確認する

どんなツイートが注目されやすいかを知る目安にできる

自分のツイートがどれくらい見られているのかは気になるところです。「いいね！」や「リツイート」だけでは分からないツイートの表示回数も記録されています。ただし、検索結果に表示された回数なども含むので、必ずしも「読まれた回数」とは限りません。

1 表示回数を確認したいツイートの「ツイートアクティビティ」をタップする。

1 タップ

2 「インプレッション」と「エンゲージメント」の数を確認する。「すべてのエンゲージメントを表示」をタップする。

1 確認

2 タップ

3 返信や詳細のクリック数が表示される。

ONE POINT 「インプレッション」と「エンゲージメント」

「インプレッション」は、そのツイートが表示された回数、「エンゲージメント」は、そのツイートを見たユーザーがプロフィールを参照したり「いいね！」をしたりといった何らかの次の行動を行った回数です。

ONE POINT あくまで「表示回数」で自分も含む

インプレッションに表示される数値は、あくまで表示された回数なので、そのときにユーザーが読んでいるとは限りません。フォロワーのホーム画面や検索結果に表示されたものの、読み飛ばされてしまった場合も含みます。またインプレッションやエンゲージメントに表示される数値には、自分が自分のツイートを表示した回数も含まれます。

06

ワンステップ上のフォローやツイート機能を使いこなそう

アカウントを増やして切り替える

複数のアカウントを使い分けたいときに

Twitterのアカウントは複数持つことが可能です。複数持てば、趣味に特化したアカウントや仕事仲間でやりとりするアカウントなど、用途によって使い分けられます。またアプリでは複数のアカウントを切り替えながら使うこともできます。

アカウントを追加する

1 メニュー☰をタップする。

2 「アカウントの切り替え」をタップする。

3 「新しいアカウントを作成」をタップし、Chapter01で行ったのと同じ手順でアカウントを作成する。

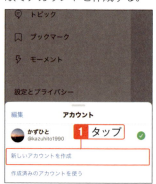

 すでにアカウントを持っている

すでにアカウントを持っている場合、手順3で「作成済みアカウントを使う」をタップして、追加するアカウントでログインします。

 メールアドレスで登録する

アカウントを作成するときに、電話番号で登録することもできますが、1つの電話番号で2つ以上のアカウントを登録した場合、電話番号でのログインができなくなり、ユーザー名やメールアドレスでログインすることになります。1つめのアカウントでは電話番号のログインを使いたい場合、2つめ以降のアカウントはメールアドレスで登録します。

アカウントを切り替える

1 メニュー ☰ をタップする。

2 切り替えるアカウントをタップすると、アカウントが切り替えられる。

アカウントをアプリから削除する

1 前ページ手順2の画面で「アカウントの切り替え」をタップし、「編集」をタップする。

2 削除するアカウントの「（−）」をタップする。

3 「ログアウト」をタップすると、アカウントがアプリから削除される。

 アカウントの並び順を変える

アカウントの編集画面で、右側にある「≡」をドラッグすると並び順を変えられます。

 アカウントは削除されない

アプリから削除されても、アカウントそのものが削除（退会）されることはないので、再度ログインしたり、別の端末でログインすれば使うことができます。

ツイートをダイレクトメッセージで
共有する

情報を特定の友だちにだけ教えたいときなどに

見つけたツイートにある情報を友だちに教えたいとき、LINEなど別のメッセージアプリにURLを貼り付けて……といった面倒なことをしなくても、ダイレクトメッセージで簡単に送信できます。

ツイートを他のユーザーと共有する

1 共有するツイートの「共有」をタップする。

2 ダイレクトメッセージを送る相手のアカウントをタップする。

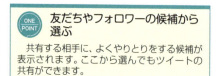

3 SECTION04-01の方法でダイレクトメッセージを送る。ダイレクトメッセージを開くと、画面で送信を確認できる。

ONE POINT フォローしていないユーザーに送る

フォローしていないユーザーにダイレクトメッセージで共有するには、手順2で「ダイレクトメッセージで共有」をタップして、ユーザーを検索します。

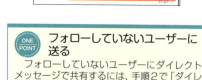

ONE POINT 友だちやフォロワーの候補から選ぶ

共有する相手に、よくやりとりをする候補が表示されます。ここから選んでもツイートの共有ができます。

ツイートを非公開にする

許可したユーザーにだけ、ツイートを見せたいときに

ツイートを非公開にすると、許可したユーザー以外はツイートを見ることができなくなります。仲間内だけでやりとりしたいときなどに利用できます。Twitterは基本的にオープンなSNSですが、「非公開アカウント」としても利用でできます。

フォロワー以外には非公開にする

1 メニュー ≡ をタップする。

2 「設定とプライバシー」をタップする。

3 「プライバシーとセキュリティ」をタップする。

ONE POINT **ユーザー情報は公開されることに注意**

アカウントを非公開にしても、ユーザーの情報は公開されます。検索すればユーザーのプロフィール画面は表示できますので、「完全に姿が見えない」のではなく、あくまで「ツイートが非公開」と考えてください。

06

ワンステップ上のフォローやツイート機能を使いこなそう

4 「ツイートを非公開にする」をオンにする。

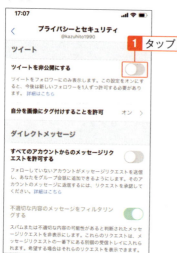

5 非公開に設定される。

6 非公開になると、アカウント名の横に鍵のマークが表示される。

不快なコメントを非表示にする

非表示にすれば他のユーザーも見えない

ツイートの返信は基本的に誰でも投稿できるため、稀に不快、不適切なコメントが書かれることもあります。そのようなコメントは非表示にして、自分からも他のユーザーからも見られないようにします。

返信を非表示にする

1 非表示にするコメントの「…」(メニュー) をタップし、「返信を非表示にする」をタップする。

2 「返信を非表示にする」をタップする。

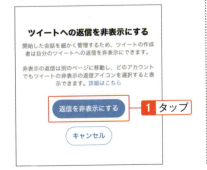

3 返信の投稿者をブロックする場合は「ブロックする」をタップする。

ONE POINT
危険性を含む返信は非表示

詐欺や暴力など、危険性を含む可能性がある返信では、Twitterの判断で自動的に非表示になります。この場合、「表示」をタップすれば表示できますが、特別な理由がない限りこのまま非表示にしておきましょう。

ツイートをほかのSNSに転載する

Twitterと相性のよいSNSもある

ツイートをほかのSNSに転載するときは、基本的にツイートのURLをSNSに貼り付けます。FacebookのようにURLを貼り付けるとツイートの内容の一部が表示されるといった相性のよいSNSもあります。

ツイートのURLを他SNSの投稿画面に貼り付ける

1 転載したいツイートを表示して「共有」をタップする。

2 「共有する」をタップする。

3 転載するSNSアプリをタップする。ここではFacebookをタップする。

ONE POINT ホーム画面から共有する

ホーム画面に表示されているツイートの「共有」をタップしても同じメニューを表示できます。

4 Facebookの投稿画面にツイートが貼り付けられるので、コメントを入力して「次へ」をタップする。

ONE POINT **基本はURLを貼り付ける**

Facebookはツイートの転載に相性がよく、転載するとツイートの一部が表示されます。ほかのSNSでこのように、自動的にツイートの一部が表示されないような場合は、ツイートのURLを貼り付けて転載します。

5 投稿先を選択して「シェア」をタップする。

6 ツイートが転載される。

ONE POINT **スクリーンショットを貼る**

URLを貼り付ける方法では、一般的にツイートの内容はリンクにジャンプするまでわかりません。そこでツイートの内容を表示させたいときには、スクリーンショットを貼り付けるという方法も考えられます。

ワンステップ上のフォローやツイート機能を使いこなそう

インスタグラムとTwitterを連携する

インスタとTwitterに同時投稿できる

インスタグラムのアプリでTwitterアカウントを登録し、連携しておくと、インスタグラムの投稿時に、同時にTwitterに投稿することができるようになります。この場合、ツイートはインスタグラムのアプリで行います。

インスタグラムから連携する

1 インスタグラムを起動して「アカウント」をタップする。

2 右上のメニュー［≡］をタップし、「設定」をタップする。

3 「アカウント」をタップする。

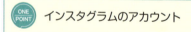

> **ONE POINT　インスタグラムのアカウント**
>
> インスタグラムのアカウントは、Twitterとは別に登録する必要があります。あらかじめインスタグラムのアプリで登録を行ってください。

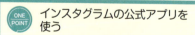

> **ONE POINT　インスタグラムの公式アプリを使う**
>
> インスタグラムは写真や動画を投稿するSNSとして人気があります。Twitterとの連携に使うインスタグラムの公式アプリは無料で利用できます。

4 「他のアプリへのシェア」をタップする。

5 「Twitter」をタップする。

6 Twitterのアカウントとパスワードを入力して「連携アプリを認証」をタップすると、連携が設定される。

インスタグラムと同時に投稿する

1 インスタグラムで投稿するときに、「Twitter」をオンにする。

2 Twitterにも同時に投稿される。

 投稿する操作で設定する

インスタグラムとTwitterの連携は、投稿するときに設定を行います。

 ツイートの末尾にインスタグラムのURL

インスタグラムからツイートしたときには、インスタグラムの投稿のURLがツイートの末尾に追加されます。

特定のツイートを直接ブラウザーなどで表示する

URLをブラウザーやメールなどに貼り付けられる

ツイートには1つずつすべて独自のURLが割り当てられています。ツイートのURLをコピーして使うと、ブラウザーで直接ツイートにジャンプしたり、Webサイトにツイートへのリンクを貼り付けることができるようになります。

ツイートのURLを表示する／コピーする

1 URLをコピーするツイートの「共有」をタップする。

ONE POINT ツイートを開いた画面で共有する

ツイートをタップして開いた画面の「共有」をタップしても同じメニューを表示できます。

2 「リンクをコピー」をタップする。

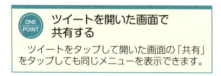

3 URLがコピーされる。

4 ブラウザーのアドレスバーなど、URLを使用する場所に貼り付けて利用できる。

ツイートするURLを短縮する

長いURLは「140文字」の例外

URLはWebサイトのトップページでもない限り、長く英数字が並んでいます。Twitterは投稿の文字数が限られていますが、URLは「140文字」の例外で、短縮表示したあとの文字数としてカウントされます。

URLは自動短縮される

1 URL含む投稿をツイートする。

2 URLは自動で短縮される。

> **ONE POINT 残り文字数は短縮後の分だけ減る**
>
> URLを入力したときに、投稿できる残りの文字数は、短縮した後のURLの文字数だけ減ります。

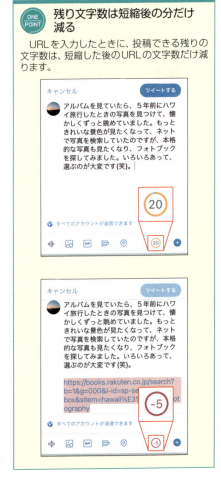

147

フォローしているユーザーのリツイートを表示しない

ホーム画面の情報は必要十分な状態にしておこう

フォローしているユーザーがリツイートすると、自分のホーム画面に表示されます。リツイートはいわば第三者の情報なので、必要ないと思ったら非表示にできます。ホーム画面の情報を整理するのは効率よく情報を手に入れるコツです。

特定のフォローユーザーのリツイートをオフにする

1 リツイートをオフにするユーザーのページを表示して、「…」（メニュー）をタップする。

2 「リツイートは表示しない」をタップする。

3 リツイートがオフになる。

ONE POINT リツイートばかりのユーザーに注意

Twitterには、興味を引く動画を投稿するアカウントと見せかけて、さまざまな広告をリツイートするアカウントが存在します。このようなアカウントはリツイートを非表示にするよりもフォローを解除した方が賢明です。

公式以外のTwitterアプリを使う

特定の用途に便利など強みがあるが、基本は公式アプリで十分

Twitterを使うアプリは、公式アプリの他にも存在します。それぞれ機能の特長がありますので、自分に合ったものを使うことができます。一方で公式アプリも使いやすく、特に理由がなければ公式アプリで十分かもしれません。

Twitterの利用をより便利にするアプリを探す

▲アプリストア（App Store、Google Play）からは公式アプリ以外のアプリを入手可能。ほとんどが無料で使うことができる。

▲比較的よく知られている「Janetter for twitter」は、リストや返信をブックマークとして登録して簡単に切り替えられる特長がある。

Twitterアプリは減少傾向

以前は公式アプリの使い勝手があまりよくない、もっと便利に使いたいといったことからさまざまなアプリが存在していましたが、現在は公式アプリの機能が充実してきたこともあり、公式アプリ以外のTwitterアプリは減少傾向にあります。

アプリをWebサイトで探すときのコツ

アプリストアで「Twitterアプリ」のように検索すると、Twitterとは異なるさまざまなSNSアプリが表示されます。これはTwitterがさまざまなアプリから連携できるため「Twitterに関係のあるアプリ」として表示されてしまいます。そこでTwitterアプリを探すときには、Webサイトで「便利なTwitterアプリ」のように検索して、アプリを紹介しているWebサイトから情報を得る方が簡単です。

画面の色合いを変える

使い勝手はどちらも同じなので、黒い画面は好みで使えばOK

Twitterの公式アプリは白い画面ですが、全体を黒い画面にすることもできます。暗い場所で見やすいといったメリットもありますが、実際のところは好みでどちらかを使えばよいでしょう。

ダークモードに切り替える

1 メニュー☰をタップする。

2 電球のアイコン（点灯状態）をタップする。

3 「ダークモード」をオンにする。

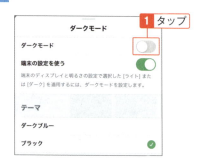

4 全体が黒い画面になる。

端末の設定に従う

スマートフォン全体の画面表示が「ダークモード」に対応している機種では、端末の設定に合わせてダークモードを切り替えたり、時間帯によって切り替える（夜はダークモードなど）ことができます。Twitterアプリの設定で、「端末の設定を使う」をオンにして、端末の画面表示モードを変更します。

▲Twitterアプリの設定で「端末の設定を使う」をオンにする。

◀スマートフォンの設定アプリで画面表示のモードを設定する。iPhoneの場合は、「設定」→「画面表示と明るさ」で設定する。「自動」をオンにすると時間によってモードを切り替えることができる。

 「ダークブルー」を選択する

ダークモードには2種類あり、初期設定は「ブラック」で全体が黒系の配色で表示されます。「ダークブルー」を選択すると、ブラックよりもわずかに青みがかった色の配色になります。

▲「ダークブルー」をタップ

▲ブラック

▲ダークブルー

06
ワンステップ上のフォローやツイート機能を使いこなそう

SNSを上手に使い分ける

インスタグラムやFacebookにはそれぞれ特徴がある

Twitter以外にも色々なSNSがありますが、それぞれの特徴を理解し、上手に使い分けることが活用のポイントです。特にユーザー数が多いインスタグラムやFacebookは、合わせて使うことで情報収集の幅やユーザー同士のコミュニケーションを広げることができます。

主要SNSの特徴

Twitter	140文字以内の短いメッセージを投稿する。手軽に使えるため、世界中に3億人以上のユーザーがいると言われる。思いついたことを気軽に投稿したり、リアルタイムの情報を知りたいときに適している。
インスタグラム	写真や動画を共有する。「インスタ映え」の言葉が定着しているように、いま世界中で広がっていて、10億人を超えるユーザーが利用しているとされる。文字の情報よりも写真や動画を投稿したり見て楽しみたいときに適している。
Facebook	実名でコミュニケーションを広げることが特徴のSNS。20億人以上のユーザーがいると言われていて、世界最大のSNSとして知られる。実名のため、同級生や会社の同僚、サークルなど実際に交流のある人同士でやりとりすることに向いている。

▲Twitter　　▲インスタグラム　　▲Facebook

ONE POINT そのほかの日本でよく使われているSNS

個人間やグループでのメッセージのやりとりをする	・LINE（ライン）
ブログを投稿して情報を発信、共有する	・Amebaブログ
動画を投稿、共有する	・YouTube（ユーチューブ）・TikTok（ティックトック）
生配信でコミュニケーションを広げる	・17（イチナナ）・Instagram（インスタライブ）

Chapter

07

ユーザーを上手に整理して
もっと快適に使おう

フォローしているユーザーが増えると、ツイートのチェックだけでも大変な手間と時間がかかります。フォロワーが増えてくると、中には不快なコメントをしてくるユーザーが現れるかもしれません。顔の見えないSNSの世界だからこそ、快適に使うためにはユーザーやツイートを上手に整理するテクニックが必要です。

自分用のQRコードを作成する

QRコードで、自分のアカウントを伝えられる

「自分のTwitterアカウントを友だちに教えてフォローしてもらいたい」。そんなときにアカウント名を伝えて検索してもらうのは面倒です。専用のQRコードを作成して伝えましょう。自分のプロフィール画面から簡単にフォローしてもらえます。

プロフィール画面を表示するQRコードを作成する

1 メニュー☰をタップする。

2 下方のバーコードアイコンをタップする。

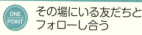

3 バーコードが表示される。このバーコードを別のスマホで読み込むと自分のプロフィールが表示される。保存するには「共有」をタップする。

ONE POINT　その場にいる友だちとフォローし合う

その場に友だちがいるなら、長いURLや複雑なアカウント名を伝えなくても、それぞれのプロフィール画面から、簡単にフォローしあえて便利です。

ONE POINT　アイコン画像で確認

QRコードはパッと見ただけでは何が書かれているのかわかりません。そこでTwitterでは中央にユーザーのアイコンを表示することで、その人のプロフィール画面を表示するQRコードであることを確認できるようになっています。

4 「画像を保存」をタップする。

タップ

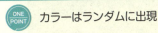

5 画像が保存される。

QRコードでプロフィールを読み取ってフォローする

一緒にいる人と、その場でフォローしあうときなどに便利

Twitterアプリで作成したQRコードを読み取ると、そのユーザーのプロフィールが表示され、簡単にフォローすることができます。バーコードリーダーアプリを使う必要はなく、Twitterアプリにアプリにコード読み取り機能が搭載されています。

QRコードを読み取る

1 メニュー ≡ をタップする。

2 下方のバーコードアイコンをタップする。

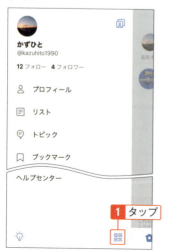

3 自分のバーコードが表示される。「QRコードをスキャン」のアイコンをタップする。

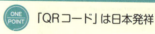

ONE POINT 「QRコード」は日本発祥

　今や情報伝達に加えて電子決済などにも広く使われているQRコードですが、バーコードの1種として1994年に日本の「デンソー」で開発されました。「QR」は「Quick Response」の頭文字で、「速く読み取れる」という意味があります。

4 相手のバーコードを読み取る。

QRコードをスキャンするとアカウントを
簡単にフォローできます

5 読み取ったユーザーのプロフィール
が表示される。「フォローする」を
タップする。

りこっち
@ricotchi310 フォローされています

1 タップ

詳しいプロフィールを見る

別のコードをスキャン

6 表示が「フォロー中」に変わり、読み
取ったユーザーがフォローに登録さ
れる。

りこっち
@ricotchi310 フォローされています

1 確認

詳しいプロフィールを見る

別のコードをスキャン

 **QRコードリーダーからも
読み取りできる**

　TwitterのQRコードは、一般的なQRコー
ドリーダーアプリでも読み取ることができま
す。ただしiPhoneなどのスマホには、購入時
にQRコードを読み取れるアプリがインス
トールされていません。通常のカメラアプリ
（写真や動画を撮影するアプリ）ではQRコー
ドを読み取れないため、別途アプリをインス
トールする必要があります。アプリストアで
「QRコードリーダー」などと検索してインス
トールしておきましょう。

　なお一部のスマホには購入時からQRコー
ドリーダーアプリがインストールされていた
り、カメラアプリでQRコードを読み取れるも
のもあります。

ユーザーを上手に整理してもっと快適に使おう

リストを作る

リストでフォローしているユーザーを分類・整理できる

「リスト」はユーザーをグループに分類して整理できる機能です。フォロワーが増えてくるとホーム画面のツイートが増えて、見るのに苦労します。そこで特に見逃したくないユーザーのツイートがある場合、ユーザーをリストに登録しておきます。

リストを新規作成する

1 画面左上のメニュー ≡ をタップし、「リスト」をタップする。

2 右下の「リストを作成」をタップする。

3 リストに付ける名前を入力する（必要に応じてメモやコメントも入力できる）。公開／非公開を選択し、「完了」をタップする。

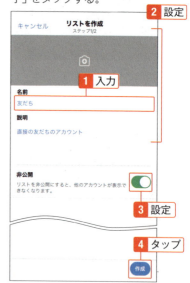

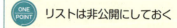

> **ONE POINT** リストは非公開にしておく
>
> 「非公開」をオンにすれば、そのリストはほかのユーザーから見られない状態になります。「オフ」のままだと、作成したリストがすべてのユーザーに公開されます。ほかのユーザーが公開しているリストから欲しい情報を見つけることもできます。

4 リストの名前で検索されたユーザーが表示される。リストにユーザーを登録するのはユーザーのページから行う方が便利なので、ここでは登録をせずに「完了」をタップする。

1 タップ

5 リストが作成される。

1 タップ

07

ユーザーを上手に整理してもっと快適に使おう

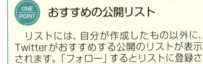

ONE POINT **おすすめの公開リスト**

リストには、自分が作成したもの以外に、Twitterがおすすめする公開のリストが表示されます。「フォロー」するとリストに登録されているアカウントをまとめてリストで見ることができるようになります。

リストにユーザーを登録する

1 リストに登録するユーザーのページを表示して「…」(メニュー) をタップし、「リストへ追加または削除」をタップする。

1 タップ

2 タップ

2 追加するリストをタップする。

1 タップ

3 「戻る」をタップする。

1 タップ

リストに登録したユーザーのツイートを見る

フォローしなくてもツイートを確実にチェックできて便利

リストを使うとツイートの表示を整理できます。フォローしているユーザーが増え、ホーム画面には多くのユーザーのツイートでいっぱいになっても、ユーザーをリストに整理しておけばユーザーを絞り込んでツイートを表示できます。

リストを表示する

1 画面左上のメニュー ☰ をタップする。

2 「リスト」をタップする。

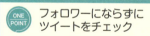

3 ツイートを見るリストをタップする。

4 リストに登録されているユーザーのツイートが表示される。

フォロワーにならずにツイートをチェック

ONE POINT

リストにはフォローしていないユーザーも登録できます。つまり、リストを使うと、フォローしないでツイートをチェックできるようになります。自分がフォローしているユーザーは、フォローとして公開され、また相手にもフォロワーとして公開されます。フォローを公開されたくない場合、リストを使えばフォローを気づかれずにツイートをチェックできます。

リストを編集する

リストに後からユーザーを追加・削除できる

リストは編集できます。ユーザーを追加したり、リストから削除することもできますし、もちろんリストごと削除することもできます。Twitterを使いこなしてくると、必要な情報を効率よく探すためにリストの使い方が大きなポイントになります。

リストにユーザーを追加する

1 リストに登録するユーザーのページを表示して「…」(メニュー)をタップする。

3 追加するリストをタップする。

2 「リストへ追加または削除」をタップする。

4 「戻る」をタップする。

リストからユーザーを削除する

1 メニュー ☰ をタップする。

2 「リスト」をタップする。

3 削除するユーザーが登録されているリストをタップする。

4 「リストを編集」をタップする。

5 「メンバーを管理」をタップする。

6 削除するユーザーの「削除」をタップすると、リストからユーザーが削除される。

リストを削除する

1 リストの一覧を表示し、削除するリストをタップする。

2 「リストを編集」をタップする。

3 「リストを削除」をタップする。

4 「削除」をタップする。

5 リストが削除される。

07

ユーザーを上手に整理してもっと快適に使おう

163

よく使うリストをタブで表示する

リストをホーム画面のタブに表示する

リストを多く作るようになると、見るリストを探すのも手間がかかります。そこでよく使うリストを固定表示すると、リストの最上部に表示され、さらにホーム画面のタブに登録されて、すぐに見られるようになります。

リストをタブに表示する

1 メニュー≡をタップする。

3 固定表示するリストのピンをタップしてオンにする。

2 「リスト」をタップする。

ONE POINT ピンのアイコン

ピンのアイコンは「ピン留め」するという意味です。コルクボードなどに留めるピン（画鋲）に由来しています。

4 固定表示したリストが最上部に表示される。

5 ホーム画面に表示されるタブをタップする。

6 リストのツイートが表示される。

ONE POINT タブ表示を解除する

リストをタブの表示から解除するときは、前ページ手順3の画面で、ピンのアイコンをタップしてオフにします。

ONE POINT 固定表示の数は5個まで

固定表示するリストの数は最大5個までです。一方でリストを多く固定表示にすると、タブが画面の幅からはみ出して、スワイプが必要になります。そこでリストの名前をコンパクトに短くすると、画面の幅に収まり、スムーズにリストのツイートを表示することができます。

特定ユーザーのツイートを通知でチェックする

特に興味のあるユーザーのツイートはすぐに知りたい

特に興味のあるユーザーのツイートは、いち早く知りたいもの。そのユーザーがツイートしたときに、アプリから通知を受け取れるようにすれば、ツイート直後にチェックできるようになります。

ツイートがあったら通知されるようにする

1 ツイートの通知を受けたいユーザーのページを表示して、「通知」をタップする。

2 「すべてのツイート」をタップすると、チェックマークが付いて、通知が設定される。

3 ツイートがあると通知が届くようになる。

 ライブ放送のツイート通知

「ライブ放送のツイートのみ」を選択すると、通常のツイートでは通知せずに、そのユーザーがライブ配信を開始したときだけに通知されます。ライブ放送を見逃したくない場合に使います。

特定ユーザーのツイートを一時的に
非表示にする

「ブロックしたくないけど、ツイートは見たくない」相手に

フォローを解除したりブロック（拒否）したりはせずに、「今はとりあえずツイートを非表示にする」ことをミュートと呼びます。ツイートの流れが速いときや、ツイートが多くて他の情報を見逃しそうなときに役立ちます。

ツイートをミュートする

1 ツイートをミュートするユーザーのページを表示して「…」（メニュー）をタップする。

2 「@（アカウント名）さんをミュート」をタップする。

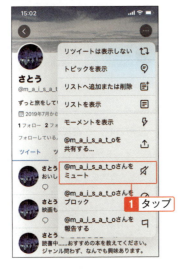

3 ミュートしていることを示すアイコンが表示される。

ミュートを解除する

ミュートを解除するときは、ミュートのアイコンをタップします。

会話状態のツイートで通知をオフにする

ツイートと返信でつながる「会話」が延々と続いて興味がないときに

ツイートに返信が付き、それにさらに返信が付くといったTwitter上での会話のような状態になることがあります。フォローしているユーザー同士で盛り上がり、通知がひんぱんに届いて煩わしいときは、会話をミュートしておくと通知がオフになります。

会話をミュートする

1 ミュートする会話のツイートをタップする。

1 タップ

2 「…」(メニュー)をタップする。

1 タップ

ONE POINT 拡散されたときに効果的

自分のツイートが拡散されたときに、リツイートやリプライ(返信)の通知が大量に届きます。このとき会話をミュートしておくと、鳴りやまない通知を止めることができます。また、稀に自分のツイートについた返信に次々と返信が付き、話の本筋と外れて勝手に盛り上がることが起きます(巻き込みリプライ)。このときも会話をミュートすると通知を止めることができます。

ONE POINT 会話のミュートは通知がオフになる

会話をミュートしてもツイートは非表示になりません。会話のミュートはリプライ(返信)の通知がオフになる機能です。

3 「この会話をミュート」をタップする。

4 会話の返信が非通知になる。

ONE POINT　ミュートした返信の表示は可能

ミュートはブロックと違い、表示されます。会話をミュートすると、それ以降に返信が投稿されても通知されず、またタイムラインやホーム画面にも表示されません。返信を見たいときには、会話状態になっているツイートを表示して、「返信を表示」をタップすれば返信を表示することができます。

ONE POINT　ミュートを解除する

会話のミュートは、ツイートが非表示になることはありませんので、ホーム画面からミュートした会話を表示して「メニュー」をタップすれば、ミュートを解除できます。

ユーザーを上手に整理してもっと快適に使おう

特定のキーワードを含むツイートを非表示にする

ユーザーだけでなく、キーワードもミュートできる

ミュートでは、指定したキーワードを含むツイートを非表示にすることもできます。興味のない内容に関連する言葉や不快な言葉を登録しておくことで、それらを自動的に非表示にできます。

キーワードでミュートする

1 メニュー☰をタップする。

2 「設定とプライバシー」をタップする。

3 「コンテンツ設定」をタップする。

4 「ミュート中」をタップする。

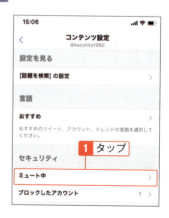

5 「ミュートするキーワード」をタップする。

6 「閉じる」をタップする。次回以降はこの画面は表示されない。

ユーザーやハッシュタグをミュートする

ミュートするキーワードには、単語だけでなく、短い文章（例：メールしませんか？）、ユーザー名（例：@abcdefgh）、ハッシュタグ（例：#拡散希望）を指定できます。

ミュートの対象と期間

「ミュート対象」と「ミュート期間」で細かい動作を設定できます。ミュート対象で「すべてのアカウント」を選択すると、フォローしているユーザーの投稿でも該当するキーワードを含むツイートがミュートされます。また「ミュート期間」では「再度オンにするまで」の他に「24時間」「7日」「30日」を選択できます。

7 「追加する」をタップする。

8 キーワードを入力して「保存」をタップする。1つの設定には1つのキーワードだけを入力する。

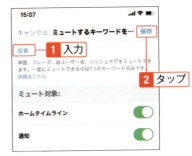

9 キーワードが登録される。

ミュートの設定やキーワードの削除をする

キーワードを登録したあと、「ミュートするキーワード」でキーワードをタップすると、ミュートの設定ができます。ホーム画面に表示しない、通知をしない、ミュートの対象になるアカウント、期間を設定できます。また「キーワードを削除」をタップすれば、キーワードをミュートの登録から削除します。

07

ユーザーを上手に整理してもっと快適に使おう

171

ミュートしたアカウントを
まとめて解除する

ミュートが多くて、どれがミュート中かわからない時などに

ミュートしたアカウントはそのユーザーのページからも解除できますが、ミュートした
アカウントがわからなくなった場合など、アカウントのリストから解除できます。定期
的に確認してミュートを整理するようにしましょう。

ミュートを解除する

1 「設定とプライバシー」画面
（SECTION07-10の手順2）で「プ
ライバシーとセキュリティ」をタッ
プする。

2 「ミュート中」をタップする。

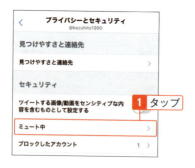

ONE POINT アカウント一覧でミュートを解除

ミュートしているアカウントの一覧でアカ
ウントを長押しして「@（ユーザー名）さんの
ミュートを解除」をタップしても、ミュートを
解除できます。

3 「ミュートしているアカウント」を
タップする。

ONE POINT キーワードによるミュートを解除する

「ミュートするキーワード」をタップすると、
ミュートしているキーワードを選んで解除で
きます。

4 「ミュート」（スピーカーのアイコン）
をタップすると、ミュートのアイコ
ンが解除（色が消えた状態）になる。

ユーザーをブロックする

不快なコメントや勧誘を遮断して快適に使おう

Twitterは広く開かれた世界なので、必ずしもマナーが良い人ばかりとは限りません。中には不快なコメントを送ってくる人がいるかもしれません。不快な思いをしたりトラブルに巻き込まれそうだと思ったら、ユーザーをブロックして拒否します。

ブロックして見えなくする

1 ブロックしたいユーザーのツイートで「…」(メニュー) をタップする。

2 「@ (ユーザー名) さんをブロック」をタップし、メッセージが表示されたら「ブロック」をタップする。

3 ブロックしたユーザーが非表示になる。

 相手からも見えない

　ユーザーをブロックすると、そのユーザーから自分のプロフィールやツイートが見られなくなります。もちろんコメントやダイレクトメッセージを送ることもできません。

 ブロックされたことはわからない

　ユーザーをブロックしたときに、そのユーザーに通知が届いたり、ブロックされていることが表示されたりすることはありません。相手は何らかで気づかない限り、ブロックされていることはわかりません。

07

ユーザーを上手に整理してもっと快適に使おう

ユーザーのブロックを解除する

少しでも不安があったら解除はしない方がいい

ブロックを解除は慎重に行いましょう。「投稿が多い」といった一時的な理由であればブロックの解除は問題ありませんが、「過去に不快な返信が届いた」「無関係な広告をリツイートする」といった理由であればブロックは解除しない方が賢明です。

ブロックを解除する

1 「設定とプライバシー」画面（SECTION07-10の手順2）で「プライバシーとセキュリティ」をタップする。

2 「ブロックしたアカウント」をタップする。

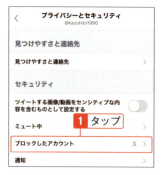

3 「ブロック中」をタップすると表示が「ブロック」になり、ブロックが解除される。

ONE POINT
「ブロックしたアカウント」から削除される

ブロックを解除すると、「ブロックしたアカウント」でボタンが「ブロック」に変わりますが、そのままホーム画面などに切り替えて次に「ブロックしたアカウント」を表示すると、ブロックを解除したアカウントは一覧からなくなっています。

ONE POINT
ブロック中のツイートも表示される

ブロックを解除すると、ブロックしていた間のそのユーザーのツイートやリツイートも表示されるようになります。

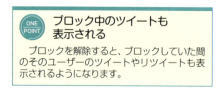

非公開ユーザーをフォローする

非公開ユーザーのツイートを見る唯一の方法

ツイートを非公開にしているユーザーのツイートを見るには、フォローを承認してもらいます。フォロワーとなれば、ツイートを見ることができます。承認されるためには自分がどのような人か、プロフィールなどでわかるようにしておくとよいでしょう。

フォローリクエストを送る

1 フォローしたいユーザーのページを表示して「フォローする」をタップする。

2 「フォロー許可待ち」となる。

3 フォローが承認されると「フォロー中」に変わり、ツイートが表示されるようになる。

ONE POINT フォローリクエストを取り消す

フォローリクエストを取り消すときは、手順2の画面で「フォロー許可待ち」をタップして、「フォローリクエストを取り消す」をタップします。

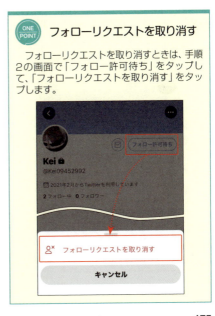

ユーザーを上手に整理してもっと快適に使おう

フォローリクエストを承認する

フォローリクエストは拒否もできる

自分がツイートを非公開にしている場合、フォローリクエストが届いたら、承認するか拒否するか決めます。承認すれば相手はフォロワーとなり、拒否すればフォロワーにはなりません。リクエストを拒否しても、相手には通知されません。

届いたリクエストを承認／拒否する

1 メニュー☰をタップする。

2 メニューに「フォローリクエスト」が表示されたらタップする。

3 承認する場合「チェックマーク」をタップする。

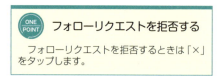

ONE POINT　フォローリクエストを拒否する

フォローリクエストを拒否するときは「×」をタップします。

4 フォローが承認される。

より安全・便利に使うために
知っておきたいテクニック

しばしば聞く「Twitter炎上」、「アカウント乗っ取り」「ネット詐欺」。「やっぱりネットは怖い」と思ってしまうかもしれません。しかし使い方をしっかりと理解していれば、ネットは安全で便利に使えます。Twitterも同様、安全・便利に使うための設定や機能があります。トラブルは誰でも嫌な思いをします。Twitterを楽しみ続けるために、必要な知識と方法を身につけておきましょう。

08-01

SECTION

アカウント名を工夫して個性を出す

表示される名前なので、工夫して印象に残るものをつけよう

「アカウント名」はTwitterに表示される名前の部分です。変更は自由で、本名でなくてもよく、多くの場合はニックネームを使います。英文や用途を併記することもできますし、そのときの気分などを追加してフォロワーに目立つようにもできます。

アカウント名を変更する

1 メニュー≡をタップする。

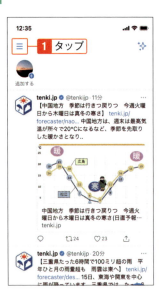

2 「プロフィール」をタップする。

> **ONE POINT** 「名前」部分はあまり変えない
>
> アカウント名の変更が自由といっても、あまり頻繁に名前を変えてしまうとフォロワーが混乱したり、「この人誰だろう」と思ってしまうかもしれません。名前を表す部分はあまり変えないようにしましょう。

> **ONE POINT** アカウント名の工夫
>
> アカウント名は自由に付けられ、変えることもできるので、アイディアを活かしてユニークなアカウント名を付けているユーザーが数多くいます。そのときの気分を末尾に付けて「かずひと@Happy」や「かずひと（かぜ治療中）」、用途を付けて「かずひと（仕事垢）」（垢=アカウントのこと）、「かずひと（アニメクラスタ）」（クラスタ=○○仲間、○○が好き、といった意味）のように、アカウント名で楽しんでいるユーザーもいます。
>
> かずひと ➡ かずひと@Happy
> かずひと（かぜ治療中）
> かずひと（仕事垢）
> かずひと（アニメクラスタ）

3 「変更」をタップする。

1 タップ

ONE POINT **プロフィールの入力が必要**

　アカウント名を修正するには、プロフィール
に「プロフィール画像」や「自己紹介」が入力
されている必要があります。何も入力されて
いないと「プロフィールを入力」と表示されま
すので、プロフィールの情報を入力してから
変更します。

4 名前をタップする。

1 タップ

5 変更する名前を入力して、「保存」を
タップする。

1 入力　　2 タップ

6 アカウント名が変更される。

1 確認

トラブルの解決などのため
ユーザー名を変更する

ユーザー名は「@〜」ではじまるTwitterのID

「ユーザー名」はTwitter上で使われるIDのようなものです。アドレスやログインにも使われる重要なものですが、自由に変更することができます。嫌がらせを受けて現在のユーザー名を使い続けることに不都合が出たといったときの対策にもなります。

ユーザー名を変更する

1 メニュー ☰ をタップする。

2 「設定とプライバシー」をタップする。

3 「アカウント」をタップする。

数字で終わるユーザー名はデメリットも

ユーザー名では重複を避けるためにしばしば数字で終わるものを付けます。誕生日や好きな数字などを最後に付けて、「〜19941210」「〜2525」といったユーザー名をよく見かけます。このようなユーザー名を使っていてもほとんどは問題ないものの、稀に突然アカウントが一時的な利用停止（凍結）になることがあります。数字で終わるユーザー名の場合、それよりも小さな数字のユーザー名の方が「より古くからのアカウント」としてとらえられ、数字の大きなアカウントは「偽物」として判断されることがあります。めったに起きることではありませんが、念のため大きな桁数などの数字で終わるアカウントは避けるように工夫しましょう。

4 「ユーザー名」をタップする。

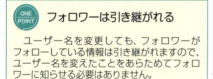

ONE POINT **フォロワーは引き継がれる**

　ユーザー名を変更しても、フォロワーがフォローしている情報は引き継がれますので、ユーザー名を変えたことをあらためてフォロワーに知らせる必要はありません。

5 「新規」の「ユーザー名」をタップする。

6 「ユーザー名を変更してもよろしいですか？」と表示されたら「次へ」をタップする。

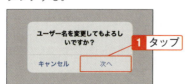

7 変更するユーザー名を入力して「完了」をタップする。

ONE POINT **重複しないユーザー名を考える**

　ユーザー名を入力すると、重複しない場合にのみ右側にチェックマークが表示されます。重複していると「このユーザー名は使用されています」と表示されます。

8 ユーザー名が変更される。

ONE POINT **ユーザー名を元に戻す**

　変更した元のユーザー名に戻したいときは再度変更すれば使用できます。ただし変更するまでに他の誰かが使用してしまったときには、使用できません。

08

より安全・便利に使うために知っておきたいテクニック

メールアドレスを登録する

複数アカウントを使うときに必須

Twitterの登録やログインにはスマートフォンの電話番号を使えますが、メールアドレスを登録しておくと、メールアドレスでログインできるようになります。また複数のメールアドレスを使えば、複数のアカウントを利用できるようになります。

アカウントにメールアドレスを登録する

1 メニュー ☰ をタップする。

2 「設定とプライバシー」をタップする。

3 「アカウント」をタップする。

電話番号は重複利用できない

電話番号でTwitterに登録している場合、もう1つアカウントを持とうとしても、同じ電話番号が利用できません。複数のアカウントを使いたい場合には、Gmailなどの無料で取得できるメールアドレスを用意し、メールアドレスを使って登録します。

4 「メールアドレス」をタップする。

5 「新しいパスワードを再入力」と表示されたら、Twitterのログインパスワードを入力して「次へ」をタップする。

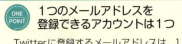

ONE POINT 1つのメールアドレスを登録できるアカウントは1つ

Twitterに登録するメールアドレスは、1つのアカウントに対して1つのメールアドレスを使えます。1つのメールアドレスで複数のTwitterアカウントに登録することはできません。

6 登録するメールアドレスを入力して「次へ」をタップする。

7 メールアドレス宛に認証番号が届くので、6桁の認証番号を入力して「認証」をタップする。

8 メールアドレスが登録される。

登録したメールアドレスを変更する

メールアドレスは大切な登録情報なので、変更したら忘れないように

普段使うメールアドレスが変わったら、Twitterに登録したアドレスも変更しましょう。メールアドレスはログインにも使用する大切な情報です。Gmailなどのフリーメールであれば、携帯電話会社を変えたりした際、その都度変更する手間が減ります。

メールアドレスを変更する

1 「アカウント」画面（SECTION08-02）で「メールアドレス」をタップする。

3 変更するメールアドレスを入力して「次へ」をタップする。

2 「新しいパスワードを再入力」と表示されたら、Twitterのログインパスワードを入力して「次へ」をタップする。

4 メールアドレス宛に認証番号が届くので、6桁の認証番号を入力して「認証」をタップすると、メールアドレスが変更される。

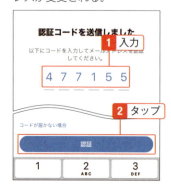

アプリで使うアカウントを整理する

使わなくなったアカウントは、ログアウトしておこう

Twitterでは複数のアカウントを切り替えながら使えますが、使わなくなったアカウントがあるなら、アプリからログアウトしておくと、アカウントの切り替えがわかりやすくなり、アカウントを間違えて投稿することがなくなります。

アプリからアカウントを削除する

1 メニュー☰をタップする。

2 画面右上のメニュー［…］をタップし、ログアウトするアカウントを左にスワイプする。

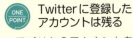

3 「ログアウト」をタップする。

4 アプリからアカウントが削除され、アカウントのアイコン表示も消える。

> **ONE POINT** Twitterに登録したアカウントは残る
>
> 　アプリからアカウントを削除しても、Twitterに登録されている状態は維持されます。再度そのアカウントを使いたいときにはアプリに追加できますし、他のパソコンなどの機器から利用することもできます。アカウントの登録を削除したい場合はSECTION 08-19を参照してください。

08

より安全・便利に使うために知っておきたいテクニック

文字サイズを大きくする

画面が広めのスマホなら、文字サイズを拡大して見やすく

Twitterアプリの文字サイズを大きくすると見やすくなります。ただしその分、1画面に表示される情報量は減ります。最近のスマホは、画面サイズが大きな機種もありますので、調整して使いやすい方を選びましょう。

表示する文字サイズを変更する

1 メニュー☰をタップする。

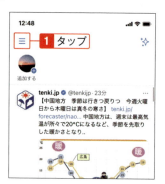

2 「設定とプライバシー」をタップする。

3 「画面表示とサウンド」をタップする。

> **ONE POINT**
> ### スマホの設定で変えられることも
>
> スマホによっては、スマホの画面表示設定で文字サイズを変更できることもあります。スマホの画面表示設定では、Twitterアプリ以外にもすべての表示が大きくなります。
>
>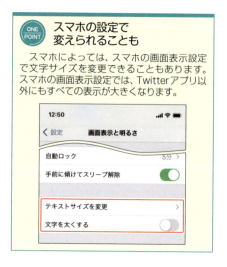

4 文字サイズを調整する。左ほど小さく、右ほど大きく表示され、4段階で調整できる。

5 調整に合わせて、サンプルの文字サイズが変更される。

6 表示される文字サイズが変更される。

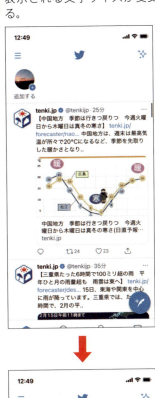

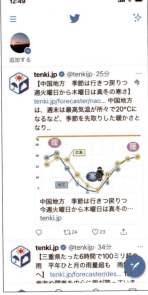

より安全・便利に使うために知っておきたいテクニック

通信量を節約する

気になる通信量を大幅に節約できるが、その分画質が粗くなることも

最近は写真や動画も多くTwitterに掲載されています。ホーム画面の動画を自動再生すれば多くの通信量を消費してしまい、月額料金にも影響します。そこでアプリには通信量を大きく節約するモードを使いますが、デメリットもあります。

データセーブを設定する

1 メニュー☰をタップする。

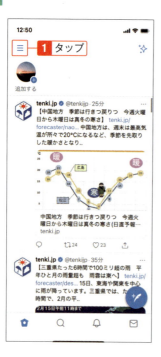

2 「設定とプライバシー」をタップする。

ONE POINT　Wi-Fiを使う

通信量が気になるなら、Wi-Fiを使ってスマホそのものの通信量を節約する方法も効果的です。外出先ではモバイルルーターなどを使います。

ONE POINT　通信量を消費するのは主に動画

通信量を多く消費する原因は動画にあるといっても過言ではありません。Twitterにツイートされた文字だけであれば、データ量はわずかです。画像は0.1MB〜数MB程度のものが多く、大きな画像を大量に見ない限りはそれほど影響しません。一方で動画は1分再生するだけでも100MBを超えることが当たり前で、高画質動画であればもっと大きなサイズになります。

3 「データ利用の設定」をタップする。

4 「データセーバー」をオンにする。

5 データセーバーをオフにした状態では、画像、動画、動画の自動再生についてWi-Fi接続時だけ実行する設定ができる。

08

 写真は低画質に

　データセーブを設定すると、動画の自動再生がオフになり、タップしないと動画が再生されないようになります。また写真は低画質で読み込まれ、粗く見えることもあります。このようなデメリットも理解した上でデータセーブを利用しましょう。データセーブを利用すると、50～70%の通信量を節約できることもあります。

より安全・便利に使うために知っておきたいテクニック

ダイレクトメッセージをすべての ユーザーから受ける

自分のフォロワーではないユーザーからも受け取れる

ダイレクトメッセージは通常、相互にフォローしているユーザー間で利用できますが、設定を変更することで、自分がフォローしていないユーザーからもダイレクトメッセージを受けることができます。また、自分のフォロワー以外のユーザーからも受け取ることができます。

ダイレクトメッセージをオンにする

1 「設定とプライバシー」画面（SECTION08-07）で「プライバシーとセキュリティ」をタップする。

2 「すべてのアカウントからのメッセージリクエストを許可する」をオンにする。

3 「不適切な内容のメッセージをフィルタリングする」がオンになっていることを確認する。

ONE POINT 「全部拒否」はできない

ダイレクトメッセージを「誰からもすべて拒否する」ことはできません。

ONE POINT ダイレクトメッセージは危険？

ダイレクトメッセージはメールのように利用できる便利な機能ですが、よく知らない人とのやりとりには危険も伴います。相互フォローしていても、相手のことをよく知らないこともあり、悪意のある勧誘や詐欺サイトの誘導などが送られている可能性もあります。ネットでつながる関係に潜む危険性をよく理解して使いましょう。手順3のフィルタリングは危険防止にも役立ちます。

他のユーザーが、自分を画像に
タグ付けできるようにする

居場所を勝手に投稿されたくないならオフのままにしておこう

タグ付けを許可すると、写真を付けてツイートするとき一緒にいるユーザーを「タグ付け」で投稿できるようになります。タグ付けされたくないときもありますし、タグ付けを必要としないなら、タグ付けはオフのままで構いません。

タグ付けを許可する

1 「プライバシーとセキュリティ」画面（SECTION08-08）で「自分を画像にタグ付けすることを許可」をタップする。

2 「自分を画像にタグ付けすることを許可」をオンにする。タグ付けできるアカウントは「フォロー中のアカウントのみ」を選択しておけば、まったく知らない第三者にいつの間にかタグ付けされていることを防止できる。

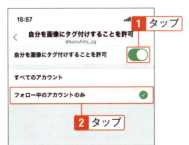

 タグ付けが許可されていても確認する

写真にタグ付けするときは、タグ付けする人が許可していても、念のため確認しておくと安心です。中には勝手にタグ付けされることを嫌う人もいますので、どんなときも相手の気持ちを考えながら使いましょう。

 実際にはいないのにタグ付け？

タグ付けは、特にユーザーの位置情報を使うといった確認をすることはないので、いわば勝手に誰でもタグ付けできてしまいます。利用はユーザーのモラルに任されていますが、「本当はそこにいないのにいつの間にかタグ付けされていた」といったこともあり得ますので、慎重を期すならタグ付けは無効にしておいた方がいいかもしれません。

08

より安全・便利に使うために知っておきたいテクニック

Twitterアプリの位置情報取得を止める

広告やおすすめ情報などにも位置情報が使われている

Twitterアプリは位置情報を取得していて、ツイートに追加する以外にも、自分がいる場所に関した広告や地域のおすすめ情報などにも使われます。アプリの位置情報を無効にすることで、常時送信される位置情報を止めることができます。

位置情報をオフにする

1 「プライバシーとセキュリティ」画面（SECTION08-08）で「正確な位置情報」をタップする。

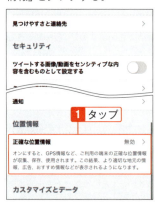

2 「正確な位置情報」をオフにする。

ONE POINT **現在地を追加する危険性**

　ツイートに現在地を追加すれば、今そこにいることを伝えられますが、これを逆手にとって悪用する人もいます。実際にストーカー行為や空き巣などの被害に遭う事例があるので、現在地を追加することは避けましょう。

ONE POINT **スマホの位置情報機能は有効のまま**

　Twitterアプリの位置情報機能をオフにしても、スマホ本体の位置情報機能は変わりません。位置情報は地図アプリや経路検索などで使うことができます。

ONE POINT **ツイートの位置情報も追加できなくなる**

　アプリで「正確な位置情報」を無効にすると、ツイートの入力画面で位置情報のアイコンが薄くなり、位置情報の追加ができなくなります。

アカウントのログイン履歴を確認する

不審なログインがないかを、定期的に確認しよう

アプリやブラウザー、パソコンでTwitterを使ったときには、アクセスした履歴が保存されます。もし「乗っ取られたのではないか？」といったことがあれば、履歴を確認し、不審なログインなどがないかを確認します。

アクセス履歴を確認する

1 「設定とプライバシー」画面（SECTION08-07）で「アカウント」をタップする。

2 「アプリとセッション」をタップする。

3 「アカウントアクセス履歴」をタップする。

身に覚えのないアクセスを確認する

ONE POINT

　アクセス履歴には、Twitterを開いたアプリやサービス、時間、国名などが表示されます。このうち、特に使っていないアプリや身に覚えのない海外の国名が表示されていた場合には注意が必要です。パスワードを変更するといった対策を行いましょう。ただし、Twitterと連携しているサービスを利用した場合、そのサービスがアクセスしている可能性もあります。たとえばInstagramのアプリからTwitterに投稿した場合は、Instagramからアカウントにアクセスがあったことが表示されます。ここに「まったく知らない名前」が表示されていたら要注意です。

08

より安全・便利に使うために知っておきたいテクニック

4 ログインパスワードを入力して「確認する」をタップする。

1 入力

2 タップ

5 アクセス履歴が表示される。

ONE POINT 「ログイン履歴」との違い

「ログイン履歴」はアカウントにログインした履歴ですが、「アクセス履歴」には外部アプリが権限を持ってTwitterアカウントにアクセスした場合も含みます。「アクセス履歴」では「外部アプリがアクセス権限を持ちアカウントを乗っ取られた」といった時にも発見できます。

ONE POINT ログイン情報（セッション）を確認する

「アプリとセッション」では、「アカウントアクセス履歴」のほかに「セッション」と「ログインしている端末とアプリ」があります。「セッション」はアカウントにログインした履歴で、端末や地名が表示されます。今Twitterを使っている端末のほかに、最近ログインした端末とおおまかな時間がわかります。ここに身に覚えのないログインがある場合は、不正なログインの可能性もあるので、パスワードを変更しましょう。また「ログインしている端末とアプリ」では、自分のアカウントにログインしたパソコンのブラウザーやスマートフォンの数を確認できます。ただし厳密な数値ではなく、アクセス情報を統計処理した数なので、参考程度に考えてください。

▲「セッション」ではTwitterにログインした履歴が表示される。

▲「ログインしている端末とアプリ」ではTwitterにログインしている端末やアプリの数が表示される。

広告の表示を減らす

非表示にはできないので、回数を減らしたり、表示される内容を調整

Twitterのホーム画面には時折、広告が表示されます。広告を非表示にすることはできませんが、表示回数を減らしたり、関係のない広告をできるだけ表示しないように調整することは可能です。

特定の広告を非表示にする

1 広告の「…」(メニュー) をタップする。

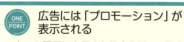

2 「この広告に興味がない」をタップすると、その広告が非表示になり、以降類似の広告の表示も減る。

> **ONE POINT** 広告には「プロモーション」が表示される
>
> ホーム画面に表示される広告は、一見すると「覚えのないツイート」が突然現れたように見えます。乗っ取りや不正なアクセスで無関係なツイートが表示されていると勘違いするかもしれません。広告のツイートには、下部に「プロモーション」と表示されているので、不正な投稿ではないことがわかります。

> **ONE POINT** 広告はほぼ1日1回
>
> 広告が表示されるタイミングは、ほぼ1日1回で、1日の中ではじめにTwitterを開いたときにしばしば表示されます。

広告を表示されにくくする

1 メニュー☰をタップする。

2 「設定とプライバシー」をタップする。

3 「プライバシーとセキュリティ」をタップする。

4 画面を下の方までスクロールして、「カスタマイズとデータ」をタップする。

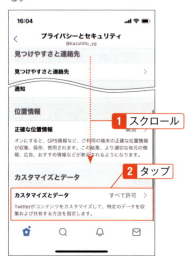

5 「カスタマイズした広告」をオフにする。

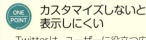

ONE POINT カスタマイズしないと表示しにくい

　Twitterは、ユーザーに役立つ広告を表示するように、ツイートやフォローの傾向から内容を読み取っています。ここで「カスタマイズした広告」をオフにすると、読み取った情報を使わなくなり、表示しようとする広告がユーザーに役立つものかどうか判断しにくくなるため、表示されにくくなります。

ツイートやいいねなど、種類ごとに通知を
オン / オフする

新着通知が多すぎるならオフにしておこう

通知は最新のツイートや自分についた「いいね！」をすぐ確認できますが、通知が多くなるとかえって煩わしくなります。通知は必要なものだけにして、確実に最新の情報をつかむようにしましょう。

通知を設定する

1 メニュー☰をタップする。

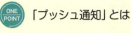

2 「設定とプライバシー」をタップする。

08

より安全・便利に使うために知っておきたいテクニック

ONE POINT 「プッシュ通知」とは

「通知」の中の「プッシュ通知」は、スマホがインターネットにつながる状態にあるとき、自分からチェックしなくてもスマホに通知が届き、知らせてくる機能です。通知する側から「プッシュ」（押す）して通知するため、「プッシュ通知」と呼ばれます。

ONE POINT すぐに知りたいものだけにする

通知をオンにするのは、すぐに知りたいものだけにします。「ハイライト」のようにすぐに見なくてもよいものはオフにしておくことをおすすめします。

3 「通知」をタップする。

4 「プッシュ通知」をタップする。

5 通知する項目を「オン」に、通知しない項目を「オフ」にする。

6 「ツイート」ではフォローしているユーザーのツイートの通知を設定できる。初期状態でオンになっていて、通知の数が非常に多くなるため、オフにしておくとよい。

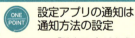
設定アプリの通知は
通知方法の設定

iPhoneの「設定アプリ」から「通知」にある「Twitterアプリ」では、アプリの通知をどのように行うか設定します。これらは音を出す、バナーを表示するといった、通知方法の設定になります。

連携したアプリを解除する

知らないアプリが連携していることもあるので注意

Twitterに自動的に投稿するようなアプリの連携は、インスタグラムのように役立つものがある一方で、いつの間にか知らないアプリが連携して勝手に広告をツイートされるようなトラブルも起こっています。

連携中のアプリを確認して解除する

1 メニュー≡をタップする。

悪意のある連携の例

Twitterアプリと連携することを悪用したアプリがあります。連携することで自分のTwitterアカウントに自由にツイートできるようになるので、広告や悪意のある内容などを勝手に投稿し、あたかも乗っ取ったような状態になります。Twitterアプリと連携させるときは、安全なアプリかどうか十分に確認しましょう。

2 「設定とプライバシー」をタップする。

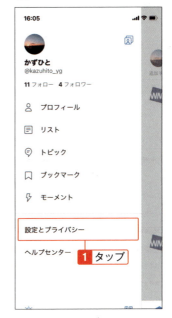

連携アプリはツイートするアプリ

Twitterアプリと連携するアプリは、自分のTwitterアカウントにツイートするアプリです。本来であればTwitterへのログインが必要なところを、Twitterアプリと連携することで外部のアプリからもツイートできるようになります。

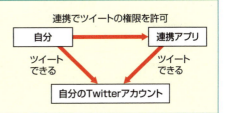

3 「アカウント」をタップする。

4 「アプリとセッション」をタップする。

5 「連携しているアプリ」をタップする。

6 連携を解除するアプリをタップする。

7 「アクセス権を取り消す」をタップすると、連携が解除される。

不適切なツイートを報告する

ツイートの報告者情報は公開されないので安心して報告しよう

不適切なツイートを見つけたら運営に報告することができます。このときの報告者の情報は保護され、誰が報告したか公開されることはありません。報告の内容は運営が確認するので、いたずら目的で報告するのはやめましょう。

ツイートを運営に通報する

1 不適切な投稿を表示して「…」(メニュー) をタップする。

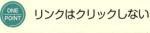

ONE POINT リンクはクリックしない

不適切な投稿にリンクがある場合、悪意のあるWebサイトに接続される可能性がありますので、リンクは決してクリックしないでください。

2 「ツイートを報告する」をタップする。

ONE POINT 不適切の範囲

「不適切なツイート」とは、日本の法律に反するもの、一般的な常識として受け入れられないものなどです。殺害予告などはもちろん、根拠のない誹謗や中傷なども度を越えれば犯罪行為となります。「ネットだから大丈夫」とは思わないように、ツイートする側としても常に心掛けておきましょう。

08 より安全・便利に使うために知っておきたいテクニック

3 報告する理由を選んでタップする。

4 さらに細かく、不適切なツイートと思われる理由を選んでタップする。

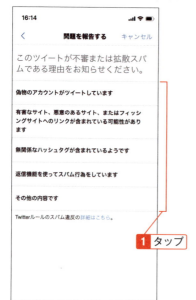

5 報告が送信される。必要に応じてアカウントのブロックやミュートを行う。

 理由が見当たらない場合

報告する理由が見当たらない場合は、もっとも近いものを選びます。わからない場合は「不適切または攻撃的な内容を含んでいる」を選びます。

 削除やアカウント停止などを判断

不適切なツイートの報告があると運営は内容を確認し、状況に応じた対応を行います。不適切だと確認された場合、ツイートの削除だけではなく、悪質な場合はアカウントの停止なども行われます。なお判断基準は公開されていません。

パスワードを変更する

乗っ取りなどを防ぐためにも、定期的なパスワード変更を

パスワードはログインするための大切な情報です。最近ではパスワードの漏えいから乗っ取られることも増えています。パスワードは定期的に変更して、不正なアクセスからアカウントを守りましょう。

パスワードを変更する

1 メニュー☰をタップし、次の画面で「設定とプライバシー」をタップする。

2 「アカウント」をタップする。

3 「パスワード」をタップする。

4 「現在のパスワード」「新しいパスワード」を入力し、「パスワード確認」には新しいパスワードをもう一度入力して「完了」をタップする。

 パスワードに使える文字

　Twitterでパスワードに使える文字は、半角の英数字と記号です。記号は、キーボードから入力できる一般的な記号であればほぼ利用できます。また英字は大文字と小文字を区別します。英字だけ、わかりやすい単語などは避け、できるだけ大文字、小文字、数字、記号を組み合わせて推察されにくいパスワードを使いましょう。

08 より安全・便利に使うために知っておきたいテクニック

パスワードを忘れたときにリセットする

パスワードをリセットして、新たに登録することになる

パスワードを忘れてログインできないときは、パスワードをリセットできます。パスワードのリセットには、アカウントを登録したときの電話番号やメールアドレスの情報が必要になります。

パスワードを再登録する

1 メニュー☰をタップし、「設定とプライバシー」→「アカウント」とタップする。

2 「パスワード」をタップする。

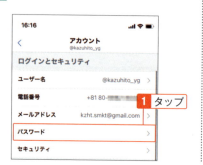

3 「パスワードをお忘れですか」をタップする。

4 アカウント名を入力して「検索」をタップする。登録している電話番号やメールアドレスでも検索できる。

5 携帯電話かメールを選択し（ここでは携帯電話を選択）、「次へ」をタップする。

6 SMSで「パスワードをリセットするためのコード」として英数字の文字列が届くので、メモしておく。

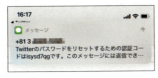

7 メモした文字列を入力して、「認証する」をタップする。

> **ONE POINT 以前のパスワードは使わない**
>
> パスワードをリセットすると、あらためて自由にパスワードを設定できますが、このとき以前に使ったパスワードは使わないようにしましょう。よく使うパスワードは、どこかで漏えいしたときに乗っ取られる可能性があります。

8 新しいパスワードを入力する。iPhoneでは自動的にパスワードを考える機能があるが、自分で考えたパスワードを利用するには「独自のパスワードを選択」をタップする。

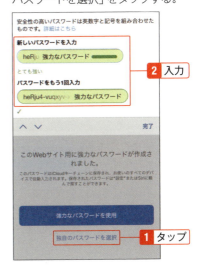

9 新しいパスワードを2回入力する。入力するとパスワードの安全性が表示されるので、「良い」「非常に良い」になるようにする。入力後「パスワードをリセット」をタップする。

08

より安全・便利に使うために知っておきたいテクニック

205

乗っ取られないようにするために

意外と多い「診断サイト」が原因の乗っ取り

「乗っ取り」はめったにあるものではないと思いがちですが、意外と身近なところに潜んでいます。中でも多いのが不正な「診断サイト」「占いサイト」が原因の乗っ取り。気づかないうちに、第三者に投稿の権限を与えてしまっています。

ツイートの権限を得れば勝手に投稿できる

　「あなたの〇〇度診断」といったユニークなサイトを使い、その結果をツイートする……そんな経験は多くの人が持っています。しかし中には悪意を持って「診断サイト」を装い、ツイートの権限を得て不適切なツイートを自動的に行うサイトがあります。

勝手に投稿される

　このような悪意を持つサイトでは、ツイートの権限を得ることを利用して、不適切なツイートを繰り返します。「いつの間にか自分が身に覚えのないツイートをしている」ことがあったら、まずこの権限を疑ってください。権限を得ればユーザー名やパスワードがわからなくても勝手に投稿できることを悪用しています。

もちろん多くは楽しめるサービス

　「〇〇診断」のような診断サイトでも、ほとんどは悪意なく、楽しめるサービスです。有名な診断サイトや占いサイトを使っていれば、勝手に不適切なツイートを投稿されることはありません。
　ツイートボタンから権限の許可を操作することなく、ツイート画面に結果が入力されるサイトは安全と言えます。ただし貼り付けられたURLの内容を見て、サイトのURL（oooo.jpなど）が正しいか確認してください。確認できるまでクリックはしないでください。

1 メニュー ☰ をタップし、次の画面で「設定とプライバシー」をタップする。

2 「アカウント」をタップする。

3 「アプリとセッション」をタップする。

4 「連携しているアプリ」をタップする。

5 連携を解除するアプリをタップする。

6 「アクセス権を取り消す」をタップする。

08

より安全・便利に使うために知っておきたいテクニック

Twitterをやめる

アカウントは放置でも構わないが、気になるなら削除してしまおう

Twitterをやめたいと思ったらそのまま放置しておいても構いません。ただ残ったものから思わぬトラブルに巻き込まれる可能性もゼロではありませんので、アカウントを削除しておけば安心です。

アカウントを削除する

1 メニュー ☰ をタップし、「設定とプライバシー」→「アカウント」とタップする。

2 「アカウントを削除」をタップする。

3 アカウントを削除するときの注意点が表示されるので、内容をよく確認する。本当に削除してよいのであれば、「アカウント削除」をタップする。

ONE POINT 削除後30日を経過すると戻せない

アカウントを削除した日から30日を経過すると、いかなる方法でも元に戻すことはできず、新たにアカウントを取得する必要があります。
30日経過していない場合、再度ログインするとアカウントを復活させる手続きに進みます。

Twitterで使われている用語

「ふぁぼ」「リプ」などTwitter独特の用語がある

Twitterを使っていると、独特の用語に出会うことがあります。ネット用語の中でもTwitterだけで使われている言葉もあり、知っておくとTwitterをより使いこなせるようになるでしょう。

Twitter独特の用語

Twitter独特の用語の中で、特によく使われるものに次のような言葉があります。

用語	意味
ふぁぼ（る）	ツイートに「いいね！」すること。以前は「いいね！」は「お気に入り」と呼ばれていた機能で、「Favorite」（＝フェイバリット、お気に入り）から。
あんふぁぼ（る）	「いいね！」を取り消すこと。
リム（る）	フォローを解除すること。「Remove」（＝削除する）から。
ふぉろば（フォロバ）	フォローしてきたユーザーをフォローし返すこと。「フォローバック」を略して「フォロバ」。
リプ	「リプライ」、返信のこと。
RT	「リツイート」（Re-Tweet）のこと。
空リプ／エアリプ	1つのツイートの中に返信元を付けずに返信すること。まずは返信元のツイートをリツイートして、その次に返信の内容を通常のツイートで投稿する方法が一般的。
QT	「引用付きのリツイート」（Quote Tweet）のこと。
リスイン	ユーザーをリストに入れる（入れた）こと。リストに入れても相手のユーザーにはわからないため、「リスインしました」「リスインありがとう」といったツイートを投稿することがある。
フォロリク	「フォローリクエスト」。フォローして欲しいことを伝えること。
スパブロ	「スパムブロック」。スパム（迷惑ツイートや迷惑ユーザー）をブロックして、通報すること。
垢	「アカウント」のこと。アカウントの「アカ」に当て字をはめたもの。
裏垢	「裏アカウント」のことで、グループや仲の良い友達だけとのやりとりを目的として、ツイートを非公開にしているアカウントが多い。
鍵垢	ツイートを非公開にしているアカウント。非公開のアカウントには鍵のマークが付くため。
凍結	アカウントが一時的に利用停止になること。他者の通報などによって何らかの不正行為が疑われた場合などに、一時的に凍結状態になることがある。
定期	決まったタイミングで繰り返し同じ内容で行うツイート。イベントの告知を当日まで毎朝行うといった場合に、「【定期】○月○日イベント来てください！」のようにツイートされることが多い。
エゴサ	エゴサーチ。自分の名前を検索して、評判を探ること。
クラスタ	集合体のことで、趣味やグループに属していることを示す。
○○ほー（時報）	ある出来事が起きたときにツイートされる報告。昼の12時には「ひるほー」、夜12時には「よるほー」と、時報のようにツイートされる。
○○ほー（プロ野球）	試合で勝ったことを喜ぶツイートにも多く使われ、「○○やっほー」や「○○わんだほー」の意味。「とらほー」（阪神タイガース）、「こいほー」（広島東洋カープ）、「たかほー」（福岡ソフトバンクホークス）、「れおほー」（埼玉西武ライオンズ）など。横浜DeNAベイスターズだけは「＼横浜優勝／」とツイートされトレンドにもしばしば上がる。

安全なWi-Fi通信を使う

無料のWi-Fiには危険なものもある

スマホでのインターネット接続ではWi-Fiを使うと通信料金を節約できますが、外出先にある無料のWi-Fiには、安全と言い切れないものも存在します。情報漏えいやデータの盗み取りに遭わないよう、Wi-Fi使用時は極力「暗号化」されたWi-Fiを使います。

パスワードなしの公衆無線LAN（Wi-Fi）はできるだけ避ける

　スマホを使って公共の場所にあるパスワードが不要なWi-Fiに接続することは、できるだけ避けた方が賢明です。パスワードが不要なWi-Fiは通信が暗号化されていないため、悪意のあるユーザーがいればスマホで入力するユーザー名やパスワードが盗み取られたり、保存したデータを漏えい、改ざんされてしまう可能性もあります。

　ただし、ホテルやカフェで使うWi-Fiの中には、利便性を考えて暗号化をせずにパスワード不要で使えるようにしてあるものがあります。ホテルやカフェのようにWi-Fiの提供元がはっきりしていれば危険なものとは言い切れませんが、この場合も理論上は悪意のあるユーザーが忍び込んで通信を盗み見ることが可能なので、できるだけ使わない方が賢明です。

　Wi-Fiを使うときには、接続画面のカギのアイコンを確認します。この鍵のアイコンがあれば「パスワードが必要で通信が暗号化されている」ことを示します。

▲鍵のないWi-Fiは通信が暗号化されていないため、提供元がわからない場合は使わないようにしよう。

▲暗号化されているWi-Fiは鍵のアイコンが表示されている。接続にはパスワードが必要でセキュリティ対策が行われているが、暗号化方法などによって「安全性の低いセキュリティ」と表示されることもあるので、利用時には十分注意する。

パソコンでも快適に Twitter を使おう

Twitterはパソコンのブラウザーでも同じように利用できます。使える機能はほぼ同じで、ブラウザーだけの機能も少しですが存在します。文字入力を素早くできる、画面が大きいなどパソコンならではのメリットもあり、家で情報をチェックしたり情報を発信するときはパソコンを利用することも、Twitterを使いこなす方法の1つです。使い方はアプリと基本的に同じですが、ブラウザーならではの使い方も覚えておくと役立ちます。

パソコンからTwitterにログインする

パソコンのブラウザーではときどきログインが必要

アプリでは一度ログインすると通常はログイン操作が不要になりますが、ブラウザーでは一定時間が過ぎるとログインが必要になることがあります。ログインでは登録したメールアドレスやTwitterアカウント名、電話番号を使います。

ブラウザーでTwitterにログインする

1 「https://twitter.com/」にアクセスし、「ログイン」をクリックする。

2 アカウントとパスワードを入力して「ログイン」をクリックする。

3 ホーム画面が表示される。

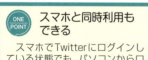

スマホと同時利用もできる

スマホでTwitterにログインしている状態でも、パソコンからログインできます。このときスマホの方がログアウトされることはなく、スマホとパソコンで同時に利用できます。

Twitterからログアウトする

共用のパソコンで使うときは、安全面から必ずログアウトしよう

ブラウザーでTwitterにログインすると、多くの場合、一定期間ログイン情報が保存されます。共用のパソコンでは不正な利用を防止するために、使用後には必ずログアウトしておきましょう。

Twitterからログアウトする

1 ホーム画面で「アカウント」をクリックする。

1 クリック

ONE POINT 共有パソコンでログアウト後に確認すること

会社のパソコンやホテルのロビーのパソコン、ネットカフェのパソコンなど不特定多数で共有するパソコンでTwitterにログインした場合、ログアウトしたあとにログイン画面を表示して、自動的にログインしないこと、アカウント名やパスワードが表示されないことを確認します。もしログインがすぐにできてしまうようなら、管理者に問い合わせて記録されている情報を消去してもらいます。

2 「@（アカウント名）からログアウト」をクリックする。

1 クリック

3 「ログアウト」をクリックすると、Twitterからログアウトされる。

Twitterからログアウトしますか？

いつでもログインし直すことができます。アカウントを切り替える場合は、既存のアカウントを追加すると切り替えることができます。

キャンセル　ログアウト　**1** クリック

Twitterのアクセス状況を見る

自分のツイートの表示数から、読まれやすい話題の分析をしよう

「アナリティクス」を参照すると、自分のツイートが表示された数、またツイートからプロフィールを参照した数などを確認できます。どんな話題を投稿すれば参照数が増えるのかといった分析にも利用できます。

アナリティクスを参照する

 ホーム画面で「…もっと見る」をクリックする。

> **ONE POINT** 「アナリティクス」は「分析」
>
> 「アナリティクス」(Analytics) は、「分析」という意味です。あらゆる分野での分析を「アナリティクス」と言いますが、インターネットでは主にWebサイトのアクセス解析のことを示し、アクセス数やアクセス元の情報などをまとめたデータや、そのデータを出す仕組みのことを示します。

 「アナリティクス」をクリックする。初回起動時のみ、「アナリティクスについて」の画面が表示されるので、「アナリティクスを有効にする」をクリックする。

 詳細なアクセス情報が表示される。

> **ONE POINT** 「誰か」はわからない
>
> アナリティクスでわかるデータは主に「表示回数（アクセス回数）」です。アクセスしたユーザーのアカウントやインターネット接続方法の情報などは表示されません。

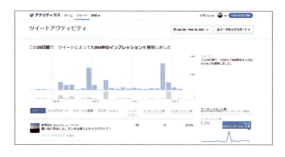

おすすめのユーザーを見る

関心があるテーマをツイートしている、未フォローのユーザーを発見できる

「おすすめユーザー」とは、自分がフォローしているユーザーと同じ分野のツイートをしているといった関連のあるユーザーで、ツイッターがツイート内容などから自動的に選んで表示します。欲しい情報をより広い範囲から集めるために役立ちます。

おすすめユーザーを表示する

1 ホーム画面には「おすすめユーザー」が表示されている。より多くのおすすめユーザーを見るには「さらに表示」をクリックする。

2 おすすめのユーザーが表示される。

ONE POINT　おすすめのトレンド

　トレンドを表示するとき、「〇〇地方のトレンド」や「食べ物・トレンド」といった見出しが表示されることがあります。これはユーザーの現在地やツイートしている内容に合わせた「おすすめのトレンド」です。通常のトレンドはツイートの数の多さでランキングされますが、「おすすめのトレンド」はランキングとは関係なく、ユーザーの好みに合った内容のトレンドがピックアップされます。

09
パソコンでも快適にTwitterを使おう

ツイートに絵文字を入れる

どのスマホでも見られる絵文字を、パソコンから入力できる

パソコンのキーボード入力には絵文字がありません。絵文字は感情表現に欠かせないアイテムの1つ。そこでパソコン版のTwitterには専用の絵文字入力機能があり、スマホでも表示できるさまざまな絵文字をツイートすることができます。

絵文字を入力する

1 「絵文字」をクリックする。

2 絵文字のタイプと、使いたい絵文字を選んでクリックする。

3 絵文字が入力される。

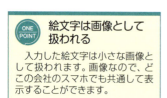

ONE POINT 絵文字は画像として扱われる

入力した絵文字は小さな画像として扱われます。画像なので、どこの会社のスマホでも共通して表示することができます。

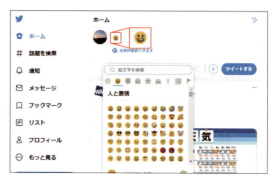

ショートカットキーを使う

キーボードで快適に操作する

パソコンのブラウザーでは、ショートカットキーを使うとTwitterのさまざまな機能を
キーボードから素早く呼び出すことができます。マウスとキーボードを持ち替えること
が減り、快適に操作できるようになります。

ショートカットキーを確認する

1 「…もっと見る」をクリックする。

2 「キーボードショートカット」をクリックする。

3 ショートカットキーの一覧が表示される。

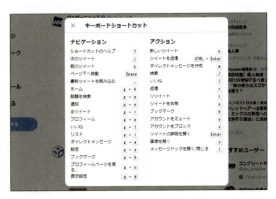

多くの操作が「g」から始まる

ショートカットキーの一覧を見ると「g」で始まる操作が多いことに気づきます。画面の操作に関するショートカットキーは「g」を押してから他のキーを押すものが多く、たとえば「g」を押して「n」を押すと通知を見ることができます。

興味のないおすすめを削除する

興味がないおすすめのトレンドや広告の表示を減らす

ホーム画面の「いまどうしてる？」やタイムラインに表示される広告は、これまでの表示履歴や検索内容に基づいて表示されていますが、興味のないものがあれば「おすすめ」から削除して、表示されないようにできます。

おすすめや広告を削除する

1 非表示にしたい情報の「…」（メニュー）をクリックする。

2 「興味がない」をクリックすると、おすすめや広告から削除される。

広告やリストのツイートも同様に削除する

「プロモーション」としてタイムラインに表示される広告も同様に「この広告に興味がない」をクリックして削除できます。またアカウントを登録したリストのツイートも「このツイートに興味がない」をクリックして削除できます。削除した広告やツイートの内容は「興味がない」ものとして、今後は関連する広告も含めて表示されにくくなります。

「この広告に興味がない」をクリックして非表示にすると、関連する内容の広告も今後は表示されにくくなる。▶

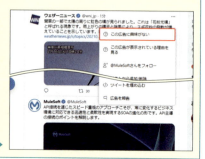

218

別のアカウントを追加する

パソコンで複数のアカウントを使う

パソコンのブラウザーでも複数のアカウントを使うことができます。アカウントを追加しておくと、アカウントを切り替えるたびにログアウトしてログインし直すといった操作が不要になります。

アカウントを追加する

 画面左下のアカウントをクリックし、「既存のアカウントを追加」をクリックする。

ONE POINT 追加するアカウントは用意しておく

追加するアカウントはあらかじめ取得し、用意しておきます。これから取得する場合は、スマートフォンから取得するか、一度パソコンでログアウトして新規登録を行います。

 アカウントとパスワードを入力して「ログイン」をクリックすると、追加したアカウントのホーム画面が表示される。

ONE POINT アカウントの登録は5つまで

パソコンのブラウザーで同時にログインできるTwitterのアカウントは5つまでです。さらに別のアカウントを使いたいときには、使わないアカウントからログアウトします。

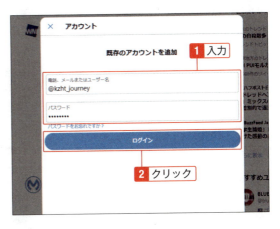

ONE POINT ログインしているアカウントを確認する

アカウントをクリックすると、ブラウザーでログインしているアカウントを確認できます。

09

パソコンでも快適にTwitterを使おう

アカウントを切り替える

ログインしているアカウントを簡単に切り替える

パソコンのブラウザーで複数のアカウントを使ってログインしているときには、アカウントの一覧からすぐに切り替えることができます。用途によってアカウントを使い分けることも簡単です。

表示するアカウントを切り替える

1 画面左下のアカウントをクリックする。

2 切り替えるアカウントをクリックすると、切り替えたアカウントのホーム画面が表示される。

ONE POINT　まとめてログアウトする

アカウントの切り替え画面（手順2の画面）で「アカウントを管理」をクリックして「すべてのアカウントからログアウト」をクリックすると、ログインしているアカウントからまとめてログアウトします。

Webページにツイートを埋め込む

Webページにツイートを表示して、Twitterをやっていない人にも見せられる

Webページに特定のツイートを埋め込むには、専用の「タグ」を取得します。タグを
Webページに記述すると、そのツイートを埋め込むことができるようになります。取得
したタグはWebページやブログなどに投稿してツイートを表示します。

Webページに埋め込むタグを取得する

1 埋め込むツイートを表示して、右上の「…」(メニュー) をクリックする。

2 「ツイートを埋め込む」をクリックする。

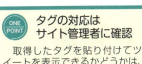

> **ONE POINT**
> ### タグの対応は
> ### サイト管理者に確認
>
> 取得したタグを貼り付けてツイートを表示できるかどうかは、Webサイトやブログサイトのサービス内容によって異なります。対応しているかどうかは、あらかじめ管理者に問い合わせて確認しておきましょう。

パソコンでも快適にTwitterを使おう

09

3 「Copy Code」をクリック
する。

クリック

4 タグがコピーされる。

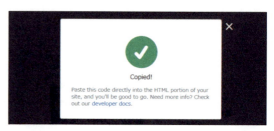

5 コピーされたタグを貼り
付けて利用する。

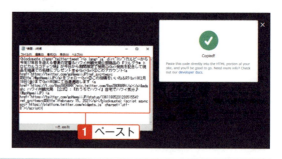

ペースト

 特定のユーザーのツイートをすべて埋め込む

　特定のユーザーのツイートをすべて埋め込んで、投稿されると合わせて埋め込んだWebページにも表示される仕組みがあります。この場合、ブログサービスなどの設定に従って専用のタグを取得する必要がありますので、各サービスが提供する情報を利用してください。

投稿と同時に表示できる▶

画面のデザインを変える

ハッシュタグの色も変更できる。好みの色合いにして個性をアピール

パソコンのブラウザーでTwitterを使う場合、スマホアプリよりも多くのパターンで色を変更できます。例えば背景は黒、ハッシュタグはピンク、といった組み合わせなども可能です。文字サイズの変更もできるので、見やすいようにアレンジしましょう。

画面の色や書体をアレンジする

 ホーム画面の「…もっと見る」をクリックする。

> **ONE POINT**
> **デザイン変更はTwitterにだけ有効**
>
> 画面の表示色やフォントサイズを変更した場合、有効になるのはTwitterのみです。他のWebサイトを表示するときには、通常の表示色になります。

 「表示」をクリックする。

> **ONE POINT**
> **暗めの部屋なら暗い背景が見やすい**
>
> ダークブルーやブラックの背景にするとかっこいい感じがしますが、見た目だけではなく視覚的な効果も変化します。特に暗めの部屋でパソコンを使っている場合、白い背景より暗い背景の方が目にやさしく疲れにくいのでおすすめです。

フォントサイズ、色、背景
画像（背景色）を選択して
「完了」をクリックする。

ONE POINT 変更の状態を確認

　背景色などを変更すると、画面
がその状態に切り替わるので、変
更後の状態を確認しながら設定で
きます。

 画面の表示色が変更され
る。

ONE POINT 設定はそのパソコン
だけで有効

　たとえば家のデスクトップパソ
コンで背景色や文字色を設定して
も、ノートパソコンで開いたとき
には設定は反映されません。設定
はパソコンごとに行う必要があり
ます。またスマホのアプリやブラ
ウザーにも反映されず、それぞれ
の設定に従います。

ONE POINT Twitterの機能追加

　Twitterは流行やユーザーの要望に合わせて、さま
ざまな新機能を常に追加しています。2021年1月に
はアメリカのニュースレター配信サイト「Revue」（レ
ビュー）を買収し、Twitterの中から「ニュースレ
ター」として連携できるようになりました。これによ
りTwitterのユーザーがフォロワーに有償で記事の購
読を販売できるようになります。ただし2021年2月
現在は英語のみで、日本語での利用はできません。
「note」の有料マガジンに似た機能をTwitterに統合
したと言えます。

　また、日本で2020年末〜2021年初頭にかけて急
速なブームを巻き起こした「Clubhouse」（クラブハウ
ス）に似た「Spaces」（スペース）も準備が進んでいま

▲ブラウザーのメニューに「新機能」として
「ニュースレター」が追加された。

す。Clubhouse同様に、音声でコミュニケーションを行う音声SNSで、2020年からテストが進んで
おり、2021年春頃に登場する可能性もあります。さらに将来的にはファンがクリエイターに支援でき
る「SUPER FOLLOW」なども発表されています。（2021年2月現在）

モーメントを作る

「モーメント」はツイートの「まとめ」

「モーメント」は、自分が興味のある話題のツイートをまとめて保存し、公開する機能です。多くのツイートの中から重要な情報や興味深い内容などに絞り込み、まとめ記事のように公開することができます。

モーメントを作る

1 画面左側メニューの「もっと見る」をクリックし、「モーメント」をクリックする。

2 「モーメントを作成」をクリックする。

ONE POINT

モーメントの作成はブラウザーのみ

モーメントの作成はパソコンのブラウザーからできます。スマートフォンのブラウザーやアプリからはできません。

3 モーメントのタイトルと説明を入力して、「カバーを選ぶ」をクリックする。

4 [＋] をクリックする。

5 画像を選択して、表示位置と大きさを調整したら「次へ」をクリックする。

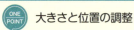
大きさと位置の調整

　画像は、周囲のハンドルをドラッグして拡大・縮小し、画像をドラッグして表示する位置を移動します。実際にモーメントを表示したときには、枠内に明るく表示されている部分に切り取られます。

6 スマートフォン画面用の表示を調整して「保存」をクリックする。

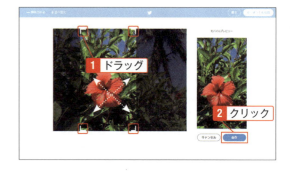

7 タイトル、説明、画像が登録される。

8 画面を下にスクロールして、モーメントに登録するツイートのチェックをクリックする。

1 クリック

ツイートの追加方法

ツイートは、「いいねしたツイート」「アカウント別ツイート」「ツイート検索」「ツイートへのリンクから」の4つから検索、表示して追加します。「アカウント別ツイート」はフォローしているユーザーのツイートが表示されます。

---

9 モーメントに登録したツイートを確認して「モーメントを公開」をクリックする。

1 クリック

---

10 画像を確認して、「公開」をクリックする。「公開してもよろしいですか?」とメッセージが表示されたら「モーメントを公開」をクリックする。

1 確認

2 クリック

画像のトリミング

登録したツイートに添付されている画像は、スマートフォンで見やすいようにトリミングできます。画像をクリックして、大きさと位置を調整します。

09

パソコンでも快適にTwitterを使おう

227

11 文章を入力して「ツイート」をクリックすると、モーメントを公開したことを自分のタイムラインにツイートできる。不要であれば、右上の「×」をクリックして閉じる。

12 画面右上の「完了」をクリックすると、モーメントが作成される。

ONE POINT **モーメントを見る**

自分が作成したモーメントは、「もっと見る」→「モーメント」から、表示するモーメントをクリックします。

ONE POINT **モーメントを編集・削除する**

モーメントにツイートを追加したり、モーメントを削除するときには、モーメントを表示してメニュー[…]から「編集する」または「削除する」をクリックします。

用語索引

目的・疑問別索引

か行

さ行

な行

は行

■著者紹介

八木 重和（やぎ　しげかず）

テクニカルライター。学生時代からパソコンや当時まだ黎明期の
インターネットに触れる機会を持ち、一度サラリーマンになるも
およそ2年で独立。以降、メールやWeb、セキュリティ、モバイル
関連など幅広い執筆活動を行う。同時にカメラマン活動やドロー
ン空撮にも本格的に取り組む。

Twitter: https://twitter.com/shiroyagi_san

イラスト：株式会社マジックピクチャー

※本書は2021年3月現在の情報に基づいて執筆されたものです。
　本書で紹介しているサービスの内容は、告知無く変更になる場合があります。
　あらかじめご了承ください。

カバーデザイン：高橋 康明

Twitter完全マニュアル [第2版]

発行日	2021年 4月15日	第1版第1刷
	2022年 2月10日	第1版第2刷

著 者　八木 重和

発行者　斉藤 和邦

発行所　株式会社 秀和システム
　　　　〒135-0016
　　　　東京都江東区東陽2-4-2　新宮ビル2F
　　　　Tel 03-6264-3105（販売）Fax 03-6264-3094

印刷所　三松堂印刷株式会社　　　　Printed in Japan

ISBN978-4-7980-6450-5 C3055